全国中等职业技术学校电子类专业

电子电路基础
（第四版）习题册

中国劳动社会保障出版社

图书在版编目(CIP)数据

电子电路基础（第四版）习题册/何薇主编. —北京：中国劳动社会保障出版社，2017
全国中等职业技术学校电子类专业
ISBN 978-7-5167-3255-7

Ⅰ. ①电… Ⅱ. ①何… Ⅲ. ①电子电路-中等专业学校-习题集 Ⅳ. ①TN710-44

中国版本图书馆 CIP 数据核字(2017)第 243287 号

中国劳动社会保障出版社出版发行
（北京市惠新东街 1 号 邮政编码：100029）
*
北京汇林印务有限公司印刷装订 新华书店经销
787 毫米×1092 毫米 16 开本 5 印张 118 千字
2017 年 10 月第 1 版 2025 年 6 月第 8 次印刷
定价：10.00 元

营销中心电话：400-606-6496
出版社网址：http://www.class.com.cn
http://jg.class.com.cn

目　录

① 标记星号(＊)的章节可作为选作内容。

第一章　二极管和三极管

§1—1　二　极　管

一、填空题

1. 利用半导体的________特性，可制成热敏电阻；利用半导体的________特性，可制成光敏电阻；在半导体中掺入______________，可制成杂质半导体。

2. 二极管最主要的特性是具有________导电特性，即二极管加正向电压时________，加反向电压时________。

3. 当加到二极管两端的反向电压超过某一特定数值时，反向电流会突然猛增，这一现象称为____________。

4. 二极管工作时测得正向压降为0.3 V，可判定其为________二极管；当测得正向压降为0.7 V时，可判定其为________二极管。

5. 型号为2AP9的半导体器件代表的是______________管，型号为2CZ12C的半导体器件代表的是______________管，型号为2CW4的半导体器件代表的是______________管。

6. 发光二极管的功能是将________转化为________，光电二极管的功能是将________转化为________。

7. 稳压二极管正常工作时应加________电压，发光二极管加________电压时能够正常发光，光电二极管加________电压时能够正常工作。

二、判断题

1. 硅和锗是目前制作半导体器件的主要材料。（　　）
2. 漏电流越大，说明二极管的单向导电性能越差。（　　）
3. 发光二极管的发光颜色是由外壳的颜色决定的。（　　）
4. 光敏电阻在使用时要注意正负极。（　　）
5. 稳压二极管的正向伏安特性与普通二极管相似，但反向特性曲线在击穿区域比普通二极管更陡。（　　）
6. 变容二极管结电容的大小与外加反向偏置电压有关。（　　）

三、选择题

1. 如果万用表测得二极管的正、反向电阻都很大，则说明二极管（　　）。

   A. 性能良好　　B. 已被击穿　　C. 内部开路

2. 当加在二极管两端的正向电压从0开始逐渐增加时，二极管（　　）。

A. 立即导通　　B. 在两端电压超过 0.2 V 时开始导通

C. 在两端电压超过击穿电压时导通　　D. 在两端电压超过死区电压时导通

3. 某硅二极管的反向击穿电压为 56 V，则其最高反向工作电压约为（　　）V。

A. 28　　B. 56　　C. 112

4. 稳压二极管工作在（　　）状态。

A. 正向导通　　B. 反向击穿　　C. 反向截止

5. 下列二极管均为硅管，其中工作于正常导通状态的是（　　）。

A. −100V —▷|— −50V　　B. 4.3V —▷|— 5V

C. 10V —▷|—▭— 7.2V　　D. −12V —▷|—▭— −11.7V

6. 若图 1—1 中二极管均为理想二极管，则它们的输出电压分别为（　　）。

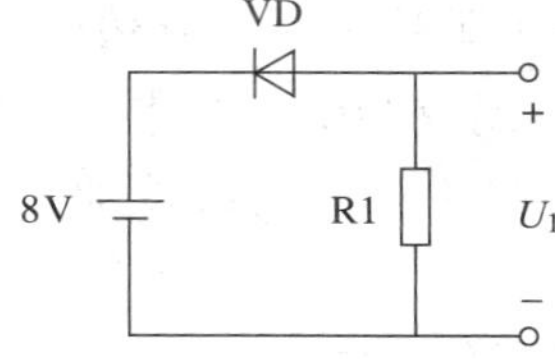

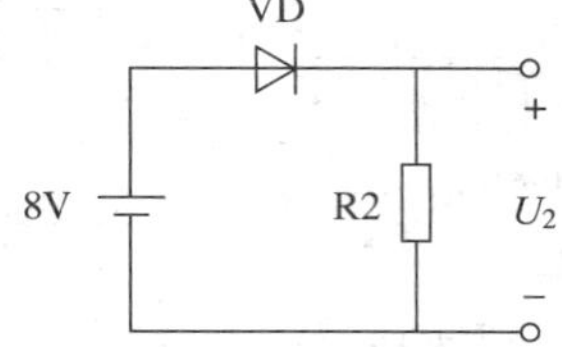

图 1—1

A. $U_1=0$，$U_2=0$　　B. $U_1=8$ V，$U_2=8$ V

C. $U_1=8$ V，$U_2=0$　　D. $U_1=0$，$U_2=8$ V

7. 下列二极管可用于稳压的是（　　）。

A. 2CW7　　B. 2AK4　　C. 2AP15

8. 二极管加正向电压时，其正向电流（　　）。

A. 较小　　B. 较大　　C. 微小

9. 同一只二极管，用指针式万用表测量它的正向电阻时，挡位不同，测得的正向电阻不同，原因是（　　）。

A. 指针式万用表不同挡位的内阻不同

B. 二极管的伏安特性是非线性的

C. 被测二极管质量不好

四、简答题

1. 表示二极管的性能和适用范围的技术指标主要有哪些？其含义分别是什么？

2. 简述常用二极管的特性。

五、综合题

1. 判断图 1—2 所示电路中的指示灯能否点亮。

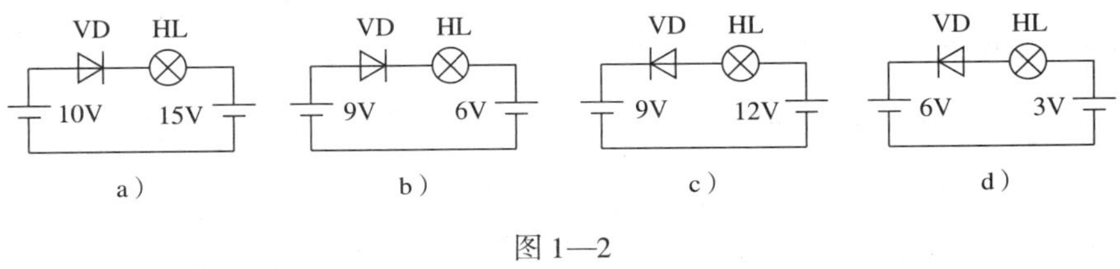

图 1—2

2. 判断图 1—3 中理想二极管的状态是导通还是截止，并求输出电压 U_{o1} 和 U_{o2}。

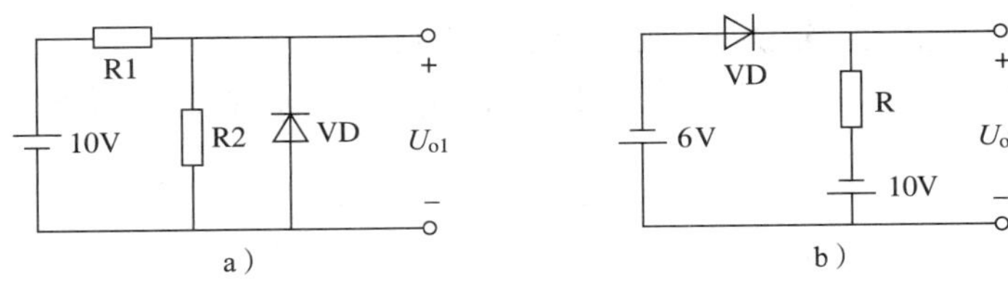

图 1—3

3. 电路如图 1—4 所示，二极管导通电压 U_V 约为 0.7 V。试估算开关断开和闭合时输出电压的数值。

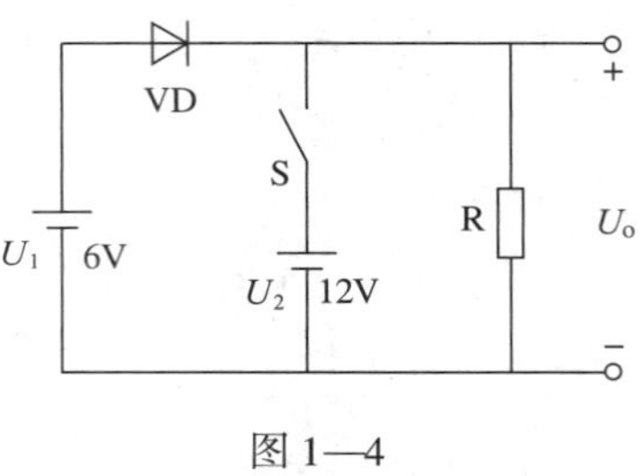

图 1—4

4. 用指针式万用表测量二极管的极性，如图 1—5 所示。

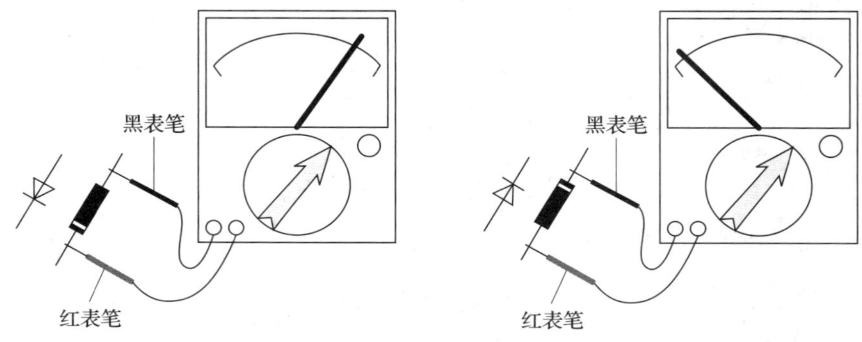

图 1—5

（1）为什么在电阻值较小的情况下，黑表笔接的一端必定为二极管正极，红表笔接的一端必定为二极管负极？

（2）若正、反向电阻值均为无穷大，则二极管性能如何？

（3）若正、反向电阻值均为零，则二极管性能如何？

（4）若正向和反向电阻值接近，指针指在中间，则二极管性能如何？

5. 某同学在测量一只二极管的反向电阻时，为了使表笔和二极管接触得好一些，他用手把两端捏紧，结果发现二极管的反向电阻比较小，认为不合格，但用在电路上却工作正常，试分析其原因。

6. 在图 1—6 所示电路中，发光二极管的导通电压 $U_V = 1.5$ V，若发光二极管在正向电流为 5 ~ 15 mA 时才能正常工作，则：

（1）开关 S 在什么位置时发光二极管才能发光?

（2）电阻 R 的取值范围是多少?

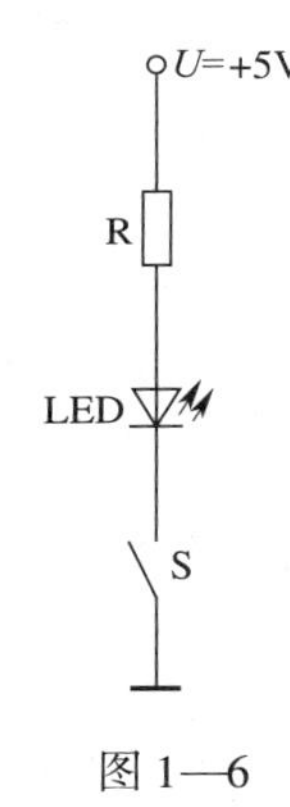

图 1—6

7. 图 1—7 中，VZ1 和 VZ2 为两只稳压二极管，其稳压值分别为 6.5 V 和 5 V，求各电路的稳压值。

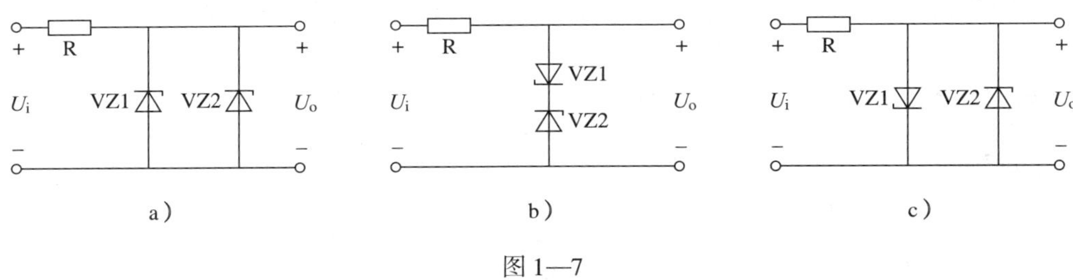

图 1—7

§1—2 三 极 管

一、填空题

1. 三极管按两个 PN 结的组合方式不同，可分为________型和________型两类；按所用半导体材料不同，可以分为________管和________管。

2. 三极管在电路中常作为________元件或________元件使用。

3. 三极管具有电流放大作用的外部条件是：发射结加________偏置电压，集电结加________偏置电压。

4. 三极管放大电路按输入电路和输出电路的公共端不同，有以下三种连接方式：共________放大电路、共________放大电路和共________放大电路。

5. 三极管输出特性曲线可以分为________、________和________三个区域，对应着三极管的________、________和________三种工作状态。

6. 已知一只三极管在 $U_{CE}=10$ V 时，测得当 I_B 从 0.04 mA 变为 0.08 mA 时，I_C 从 2 mA 变为 4 mA，则这只三极管的交流电流放大系数 $\beta=$________。

7. 放大电路中正常工作的三极管的三个电极对地的直流电位分别为 $U_1=3.9$ V，$U_2=9.8$ V，$U_3=3.2$ V，由上述数据可判断出：1 为________极，2 为________极，3 为________极，该三极管是________型管，所用材料是________。

8. 三极管的三个极限参数为________________、________________和________________。

二、判断题

1. 无论三极管处于何种工作状态，电流 $I_E=I_B+I_C=(1+\beta)I_B$ 都成立。（　）

2. 三极管的发射区和集电区都是同类半导体材料，因此 C、E 极可以互换。（　）

3. 由于三极管的核心是两个 PN 结，故可以用两只二极管替代一只三极管。（　）

4. 三极管是一种电流控制器件。（　）

5. 二极管和三极管都是非线性器件。（　）

三、选择题

1. 三极管工作在饱和区时，发射结、集电结的偏置情况是（　）。

A. 发射结正向偏置，集电结反向偏置

B. 发射结正向偏置，集电结正向偏置

C. 发射结反向偏置，集电结反向偏置

D. 发射结反向偏置，集电结正向偏置

2. 某三极管的发射极电流 $I_E=3.2$ mA，基极电流 $I_B=40$ μA，则集电极电流 $I_C=$（　）mA。

A. 3.24　　B. 3.16　　C. 2.80　　D. 3.28

3．在三极管的输出特性曲线中，$I_B=0$ 时的 $I_C=$（　　）。

A．I_{CM}　　B．I_{CBO}　　C．I_{CEO}　　D．I_{BEO}

4．测得工作在放大状态的某三极管两个电极的电流如图 1—8 所示，则：

（1）第三个电极的电流大小、方向和三极管的引脚排列为（　　）。

A．0.03 mA，流进三极管，引脚从左向右依次为 C、E、B

B．0.03 mA，流出三极管，引脚从左向右依次为 C、E、B

C．0.03 mA，流进三极管，引脚从左向右依次为 E、C、B

D．0.03 mA，流出三极管，引脚从左向右依次为 E、C、B

1.2mA

1.23mA

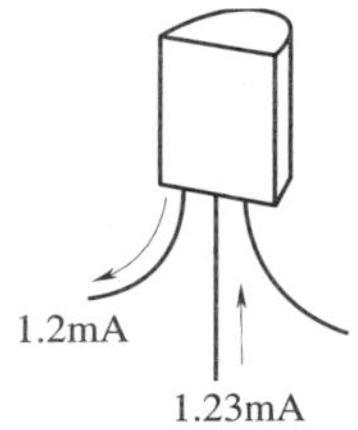

图 1—8

（2）三极管类型以及电流放大系数 β 为（　　）。

A．NPN 型，$\beta=41$　　B．PNP 型，$\beta=40$

C．NPN 型，$\beta=40$　　D．PNP 型，$\beta=41$

5．NPN 型三极管处于放大状态时，各极电位关系是（　　）。

A．$U_C>U_B>U_E$　　B．$U_C<U_B<U_E$

C．$U_C>U_E>U_B$　　D．$U_E>U_C>U_B$

6．三极管工作在（　　）区呈高阻状态，各电极之间可近似视为开路；工作在（　　）区呈低阻状态，各电极之间可近似视为短路。

A．截止　　B．饱和　　C．放大

7．测得三极管各电极电位如图 1—9 所示，该三极管工作在（　　）状态。

A．放大　　B．饱和　　C．截止

8．图 1—10 所示三极管工作在放大状态，其引脚电位如图所示，则该管是（　　）。

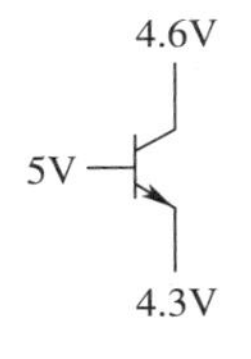

图 1—9

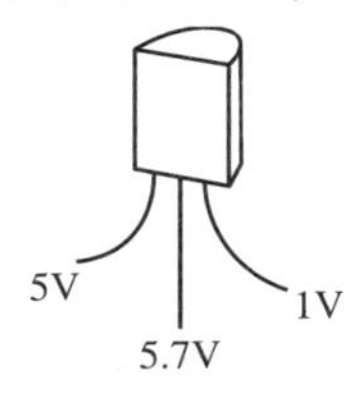

图 1—10

A．PNP 型硅管　　B．NPN 型硅管

C．PNP 型锗管　　D．NPN 型锗管

四、简答题

1．三极管有哪三种工作状态？其外部偏置条件及特点各是什么？

2．简述用万用表判别三极管类型和管脚的方法。

五、综合题

1．一只三极管的基极电流 $I_B = 80\ \mu A$，集电极电流 $I_C = 1.5\ mA$，能否根据这两个数据来确定三极管的电流放大系数？为什么？

2．三极管的三个引脚电流如图 1—11 所示，则该三极管的三个引脚排列情况如下：

①脚为______极。

②脚为______极。

③脚为______极。

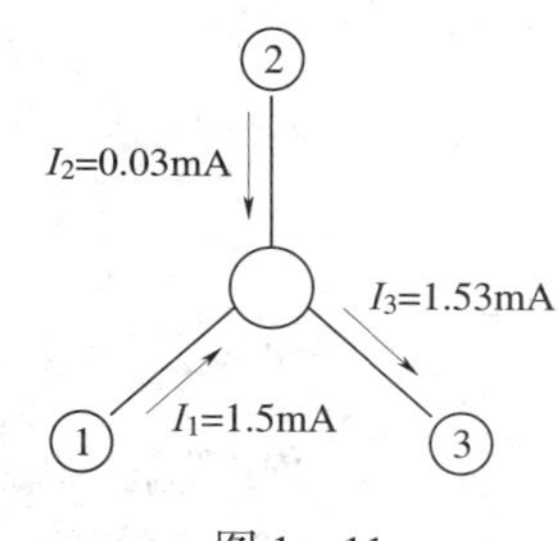

图 1—11

3．根据图 1—12 中各三极管引脚对地的电位值，判断它们的工作状态。

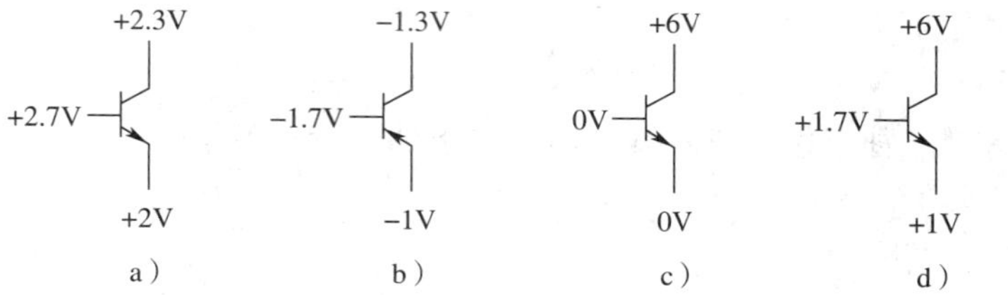

a）

b）

c）

d）

图 1—12

4. 现测得工作在放大状态的三极管的两个电极电流如图 1—13 所示。

（1）求另一个电极的电流，并在图中标出电流方向。

（2）判断并标出电极 E、B、C。

（3）估算 β 的值。

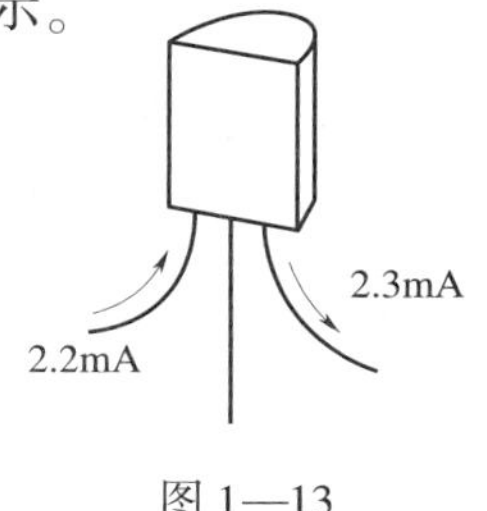

图 1—13

5. 已知工作在放大电路中的三极管各引脚的对地电位，试判断其是硅管还是锗管，是 NPN 型管还是 PNP 型管，并确定电极 E、B、C。

（1）$U_1 = -1.5$ V，$U_2 = -4$ V，$U_3 = -4.7$ V

（2）$U_1 = 2$ V，$U_2 = 5.8$ V，$U_3 = 6.1$ V

6. 测得工作在放大电路中的三极管的各极电位如表 1—1 所示，试分别判断其是硅管还是锗管，是 NPN 型管还是 PNP 型管，并确定电极 E、B、C。

表 1—1

序号	1			2			3		
引脚号	①	②	③	①	②	③	①	②	③
对地电位（V）	2.5	6	1.8	−9	−6	−6.3	3.2	9	3.9
标出 E、B、C 极									
是硅管还是锗管									
是 NPN 型管还是 PNP 型管									

7．某三极管的极限参数为 $P_{CM}=250$ mW，$I_{CM}=60$ mA，$U_{(BR)CEO}=100$ V。

（1）如果 $U_{CE}=12$ V，集电极电流 $I_C=25$ mA，三极管能否正常工作？为什么？

（2）如果 $U_{CE}=3$ V，集电极电流 $I_C=80$ mA，三极管能否正常工作？为什么？

第二章 放大器基础

§2—1 共射放大器

一、填空题

1. 放大器中的核心元件是________，它必须工作在________区。

2. 共射基本放大器的信号从三极管的________极和________极输入，由________极和________极输出，输出信号与输入信号的公共端是________极。

3. 共发射极放大电路是利用________电流微小的变化来控制________电流较大的变化，从而实现________放大作用。

4. 在共射基本放大器中，集电极电阻 R_C 的作用是将________放大转换成________放大，耦合电容的作用是隔________通________。

5. 静态是指放大器在________交流信号输入时的工作状态，这时电路中的电压、电流均为________电。动态是指放大器在________交流信号输入时的工作状态，这时电路中的电压、电流既有________电，又有________电。

6. 对直流通路而言，放大器中的耦合电容可视为________；对交流通路而言，容抗小的电容可视为________，内阻小的电源可视为________。

7. 在共射基本放大器中，输出电流与输入电压相位相________，输出电压与输入电压相位相________。

8. 若放大器的输入信号 $U_i = 0.02$ V，$I_i = 1$ mA，输出信号 $U_o = 2$ V，$I_o = 0.1$ A，则电压增益 G_u = ________dB，功率增益 G_P = ________dB。

9. 共射基本放大器中，只增大 R_B，U_{CEQ}将________；只减小 R_C，U_{CEQ}将________；只增加 R_L，U_{CEQ}将________；只更换成β较小的三极管，U_{CEQ}将________；只减小 V_{CC}，U_{CEQ}将________。

二、判断题

1. 放大器能实现小信号的放大，是因为三极管提供了较大的输出信号能量。 (　　)

2. 交流放大器只能放大交流信号，直流放大器只能放大直流信号。 (　　)

3. 共射基本放大器中，输入正弦信号 u_i，若输出信号 u_o出现正半周削顶现象，表明放大器出现了截止失真。 (　　)

4. 小信号交流放大器造成饱和失真的原因是静态工作点选得太高，可以增大 R_B，使 I_B 减小，从而使工作点下降到所需要的位置。 (　　)

5. 分压式偏置放大器中，若更换三极管使β由 50 变为 100，则电路的电压放大倍数约

为原来的 0.5 倍。（　　）

6. 分压式偏置放大器能稳定静态工作点。（　　）

7. 为了消除分压式偏置放大器的截止失真，应将上偏置电阻调大些。（　　）

8. 分压式偏置放大器发射极电阻的旁路电容 C_E 开路，对放大器放大交流信号的作用没有影响。（　　）

三、选择题

1. 放大器输出信号的能量来源是（　　）。

A. 电源 V_{CC}　　B. 三极管　　C. 输入信号

2. 如图 2—1 所示为共射基本放大器，当输入 1 kHz、5 mV 的正弦交流电压时，输出电压波形出现了截止失真，为了消除这种失真，应（　　）。

A. 减小 R_C　　B. 改换 β 小些的管子

C. 增大 R_B　　D. 减小 R_B

3. 在图 2—1 所示共射基本放大器中，输入正弦交流信号，用示波器观测到输出电压波形如图 2—2 所示，这是因为（　　）。

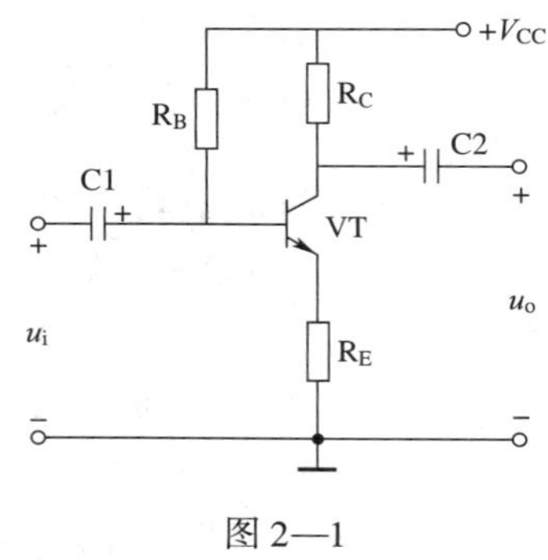

图 2—1

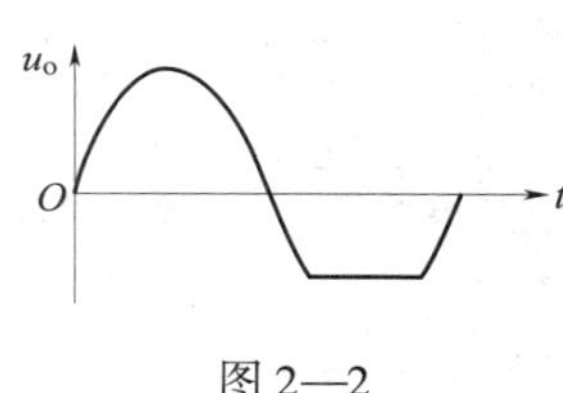

图 2—2

A. I_C 电流合适，u_i 过大产生失真　　B. I_C 偏高引起饱和失真

C. I_C 偏低引起截止失真　　D. 电源电压偏高引起截止失真

4. 测得放大器的开路输出电压为 6 V，接入 2 kΩ 负载电阻后，其输出电压降为 4 V，则此电路的输出电阻 r_o 为（　　）kΩ。

A. 1　　B. 2　　C. 4　　D. 6

四、简答题

1. 简述共射基本放大器的组成及各元件的作用。

2. 什么是放大器的静态工作点？为什么放大器要设置一个合适的静态工作点？

五、综合题

1. 画出图 2—3 所示放大电路的直流通路和交流通路。

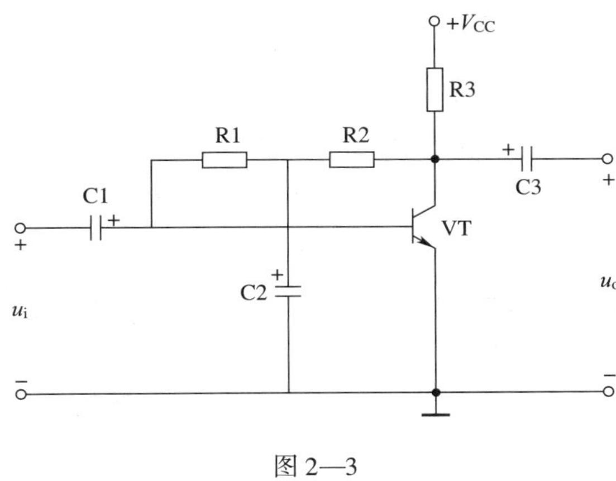

图 2—3

2. 判断图 2—4 中各电路能否实现电压放大，若不能，说明不能实现电压放大的原因。（假设各电路中的电容均可视为交流短路）

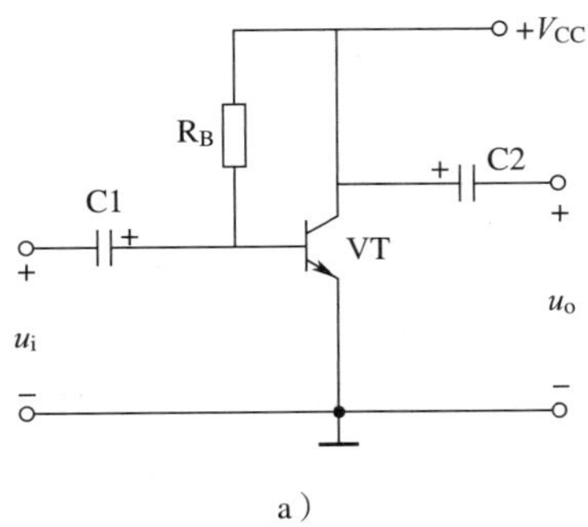

a）

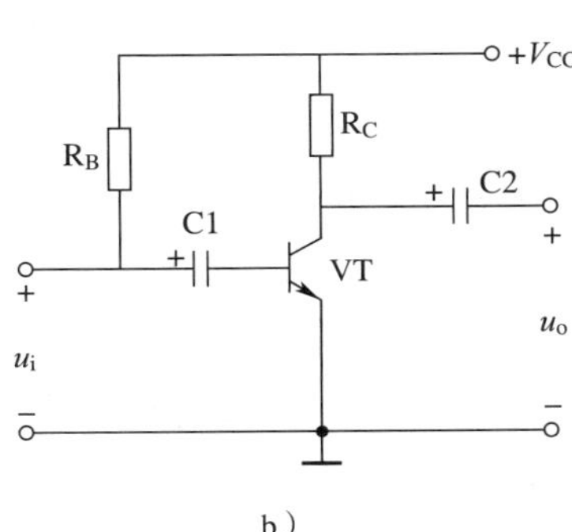

b）

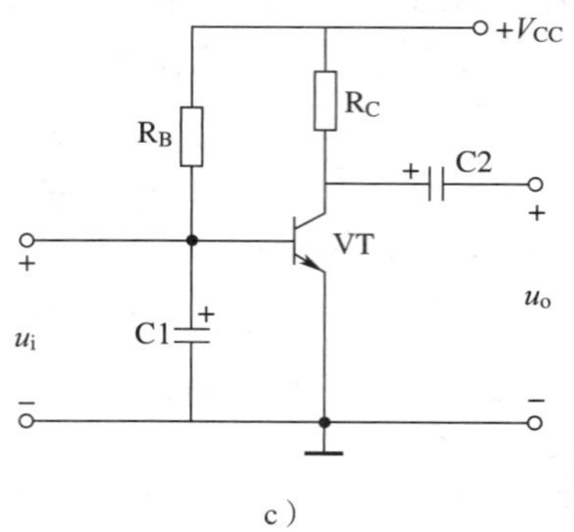

c）

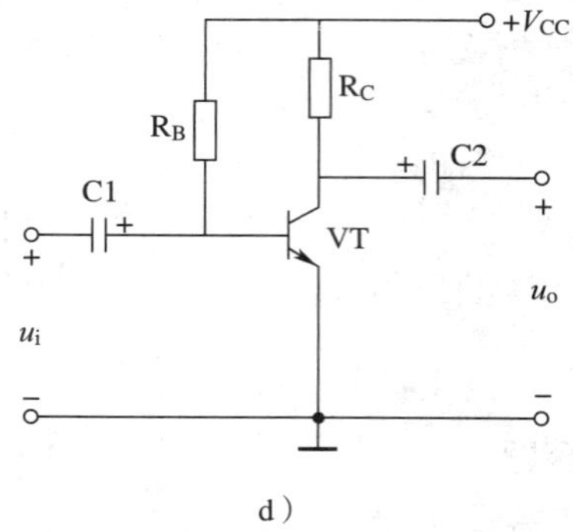

d）

图 2—4

六、计算题

1．图 2—5 所示电路中，已知 $V_{CC}=12$ V，$R_C=2$ kΩ，$\beta=50$，$U_{CE}=4$ V，求 R_B 的值。

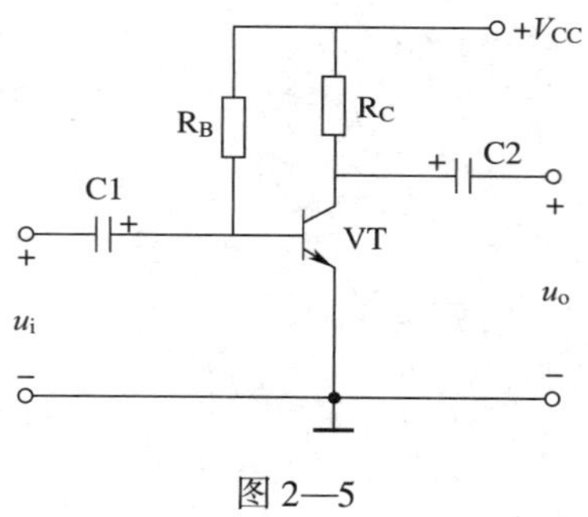

图 2—5

2．图 2—6 所示电路中，已知 $V_{CC}=12$ V，$R_{B1}=20$ kΩ，$R_{B2}=10$ kΩ，$R_C=3$ kΩ，$R_E=2$ kΩ，$R_L=3$ kΩ，$\beta=50$。试求：

（1）电路的静态工作点。

（2）电压放大倍数。

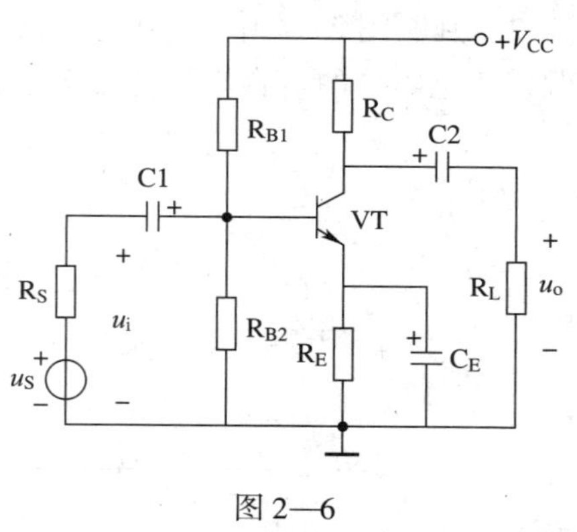

图 2—6

§2—2　共集放大器和共基放大器

一、填空题

1. 共集放大器是以三极管的________极为公共端，________极为输入端，________极为输出端。

2. 共基放大器是以三极管的________极为公共端，________极为输入端，________极为输出端。

3. 对于一个放大器来说，一般希望其输入电阻要________些，以减轻信号源的负担；输出电阻要________些，以提高带负载的能力。

4. 既能放大电压，又能放大电流的是________放大器；可以放大电压，但不能放大电流的是________放大器；只能放大电流，但不能放大电压的是________放大器。

5. 共射、共基、共集三种接法的放大电路中，________和________放大电路的输出信号与输入信号的相位相同，________放大电路的输入电阻最大，________放大电路的输出电阻最小，________放大电路的电压放大倍数略小于1。

二、判断题

1. 共射、共集、共基放大器都有电压放大作用。（　　）

2. 共射、共集、共基放大器都有功率放大作用。（　　）

3. 共集－共射组合放大器总的电压放大倍数和单独一级共射放大器相同，但输入电阻大大提高了。（　　）

4. 采用三极管作为共射放大器的有源负载，该管在静态工作点 Q 点附近所呈现的直流电阻和交流电阻都很大。（　　）

三、选择题

1. 射极输出器的输入电阻大，这说明该电路（　　）。

A. 带负载能力强　　B. 带负载能力差

C. 不能带动负载　　D. 能减轻前级放大电路或信号源的负荷

2. 下列关于射极输出器的说法，错误的是（　　）。

A. 电压放大倍数略小于1，电压跟随性好

B. 输入阻抗低

C. 具有电流放大能力和功率放大能力

D. 一般不采用分压式偏置，是为了提高输入阻抗

3. 为了提高带负载能力，应采用（　　）。

A. 共射放大器　B. 共集放大器　C. 共基放大器

4. 为了构成恒流源电路，应采用（　　）。

A. 共射放大器　B. 共集放大器　C. 共基放大器

四、简答题

在表 2—1 中填写共射、共集、共基三种接法放大电路的特点。

表 2—1

组态类型	共射放大电路	共集放大电路	共基放大电路
输入电阻			
输出电阻			
电流放大倍数			
电压放大倍数			
功率放大倍数			
输出/输入相位			
高频特性			
适用场合			

五、综合题

接有发射极电阻的共射放大器如图 2—7 所示。设温度上升引起三极管集电极电流 I_{CQ} 增大，从而引起 U_{BEQ}、I_{BQ} 发生了一系列变化，试用符号表示出工作点稳定的过程。

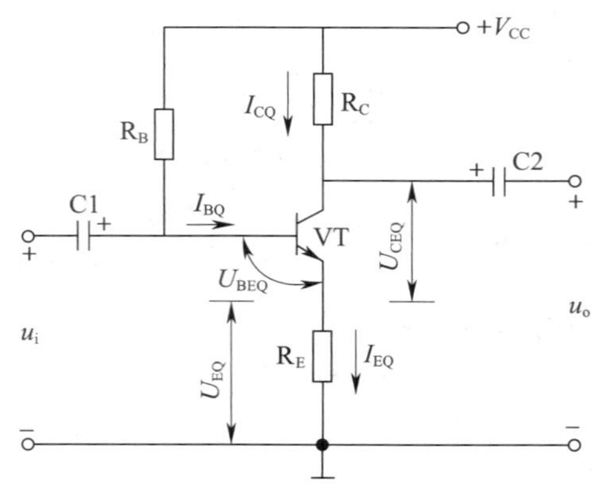

图 2—7

温度升高 ⟶ $I_{CQ}\uparrow$ ⟶ I_{EQ}（　）⟶ U_{EQ}（　）⟶ U_{BEQ}（　）

I_{CQ}（　）⟵ I_{BQ}（　）⟵

* §2—3　场效应管放大器

一、填空题

1. 根据结构和工作原理不同，场效应管分为________和________两大类。

2. 场效应管是利用输入电压产生的__________来改变漏极电流的，所以是一种________控制型器件。

3. 绝缘栅型场效应管简称________管，有________沟道和________沟道两类，每一类又可分为________型和________型两种。

4. 对于增强型场效应管，只有当其栅－源电压值达到________电压时，才会形成导电沟道。对于耗尽型场效应管，不加栅－源电压时即已存在导电沟道。

5. 场效应管也有三个工作区域，即________区、________区和________区。

6. 场效应管与普通三极管相比，具有输入电阻______，输出电阻______，噪声______的特点。

7. 场效应管放大器根据输入与输出电路的公共端不同，相应地有______、______、______三种接法。

8. 开启电压 U_T 是指________为定值时，使________型绝缘栅场效应管开始导通的栅－源电压 U_{GS} 值。N 沟道场效应管的 U_T 为________值，P 沟道场效应管的 U_T 为________值。

9. 夹断电压 U_P 是指________为定值时，使________型绝缘栅场效应管漏极电流 I_D 减小到近似为零时的 U_{GS} 值。N 沟道场效应管的 U_P 为________值，P 沟道场效应管的 U_P 为________值。

10. 低频跨导 g_m 是指 U_{DS} 为定值时，__________与引起这一变化的__________之比。

二、判断题

1. 场效应管放大器主要有分压式偏置和自给偏压式偏置两种类型。（　　）

2. 自给偏压式偏置电路适用于所有类型的场效应管放大器。（　　）

3. 在场效应管放大器中，场效应管的漏极电流受栅－源电压的控制。（　　）

4. 开启电压是增强型场效应管的主要参数，夹断电压是耗尽型场效应管的主要参数。（　　）

5. 低频跨导 g_m 是表征场效应管栅－源电压 U_{GS} 对漏极电流 I_D 控制能力的重要参数。（　　）

三、选择题

1. 场效应管是一种（　　）控制型器件。

A. 电压　　B. 电流　　C. 功率　　D. 不确定

2. 结型场效应管属于（　　）型场效应管。

A. 增强　　B. 耗尽　　C. 增强和耗尽　　D. 不确定

3. 当利用场效应管组成放大电路时，应使它工作于（　　）区。

A. 可变电阻　　B. 恒流　　C. 夹断　　D. 击穿

四、简答题

1. 场效应管的主要参数有哪些？其含义分别是什么？

2. 简述使用场效应管时的安全注意事项。

§2—4 多级放大器

一、填空题

1. 多级放大器常见的四种耦合方式是________耦合、________耦合、________耦合和________耦合。

2. 多级放大器中，前后级静态工作点相互独立的是________耦合和________耦合，只能放大交流信号的是________耦合和________耦合，前后级静态工作点相互影响的是________耦合，既能放大直流信号又能放大交流信号的是________耦合和________耦合。

3. ________频率与________频率之间的频率范围称为通频带。

4. 与单级共射放大器相比，多级放大器的电压放大倍数将________，上限频率 f_H ________，下限频率 f_L ________，通频带 BW ________。

5. 幅频特性曲线反映的是放大器电压放大倍数的________与信号________之间的关系。

6. 由于放大器对不同频率分量的放大倍数不同而引起的输出信号波形失真，称为____________；由于不同频率分量产生不同附加相移而引起的失真称为____________。二者总称为频率失真。为了避免频率失真，放大电路必须有与信号频率相适应的____________。

二、判断题

1. 多级放大器的输入电阻 r_i 与构成它的各级放大器的输入电阻之间的关系为 $r_i = r_{i1} + r_{i2} + \cdots + r_{in}$。 ( )

2. 多级阻容耦合放大器的通频带比组成它的单级放大器的通频带要宽。 ( )

3. 多级放大器的放大倍数为各级放大器的放大倍数之和。 ( )

4. 直流放大器的级间耦合采用阻容耦合或变压器耦合。 ( )

5. 多级放大器的输出电阻就是最后一级（输出级）放大器的输出电阻。 ( )

三、选择题

1. 多级放大器与单级放大器相比，其（　　）。

A. 电压增益提高　　B. 电压增益减小

C. 通频带不变　　D. 通频带变宽

2. 某两级放大器，第一级的放大倍数是 100 倍，第二级的放大倍数是 50 倍，则电路的总放大倍数是（　　）倍。

A. 50　　B. 100　　C. 150　　D. 5 000

3. 某三级放大器各级的增益分别为 20 dB、30 dB、40 dB，则总的增益为（　　）dB。

A. 40　　B. 90　　C. 8 000　　D. 24 000

四、简答题

1. 简述多级放大器的常用级间耦合方式及其特点。

2. 简述放大器的幅频特性、相频特性和通频带的概念。

五、计算题

1. 设某三级放大电路中各级的放大倍数为 $A_{u1}=10$，$A_{u2}=100$，$A_{u3}=10$，求总放大倍数和总增益。

2. 图 2—8 所示为一个四级放大电路，各级放大电路的增益如图所示。

（1）求放大电路的总增益 G_u。

（2）若放大电路的输入信号 $u_i=20\ \mu V$，求输出信号电压 u_o。

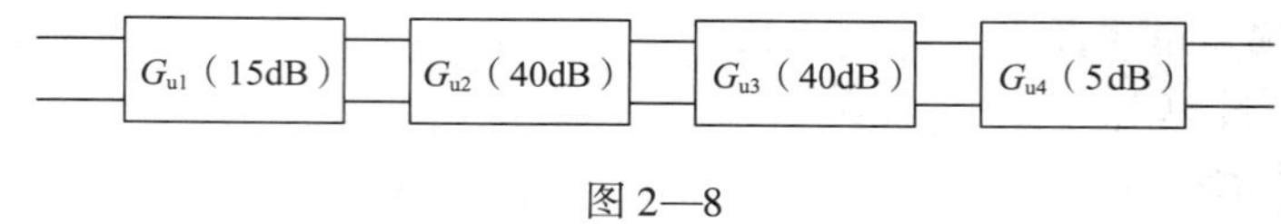

图 2—8

§2—5　差分放大器和集成运算放大器

一、填空题

1. 放大器的零点漂移是指输入信号为零，而输出信号________的现象。造成放大器零点漂移的两个主要原因是：（1）________发生变化；（2）__________发生变化。

2. 通常把大小________、方向________的信号称为差模信号，而把大小________、方向________的信号称为共模信号。

3. 差分放大器对________信号有抑制作用，对________信号有放大作用。

4. 差分放大器的________________与________________之比称为共模抑制比，其数值越大，表明抑制零点漂移的能力越______。

5. 差分放大器的输入、输出有四种连接方式，即________端输入、________端输出，________端输入、________端输出，________端输入、________端输出，________端输入、________端输出。

6. 集成运放中，与输出端电压极性相反的输入端，称为____________端；与输出端电压极性相同的输入端，称为____________端。

7. 集成运放的____________与____________之间的关系曲线，称为电压传输特性曲线。电压传输特性曲线分为__________区和__________区两部分。

8. 在集成运放电压传输特性曲线的非线性区，其输出电压只有两种情况，即____________________和____________________。

二、判断题

1．多级放大器采用直接耦合方式产生零点漂移，若采用其他耦合方式则不会产生零点漂移。（　　）

2．合理采用差分放大器，可以在放大信号的同时有效抑制零点漂移。（　　）

3．差分放大器的放大倍数越大，抑制零点漂移的能力越强。（　　）

4．集成运放的内部电路采用直接耦合方式，因此，它只能放大直流信号，而不能放大交流信号。（　　）

5．从外特性看，可以把集成运放等效成一个双端输入、单端输出的差分放大器。（　　）

三、选择题

1．差分放大器的输入、输出有（　　）种连接方式。

A．2　　B．3　　C．4　　D．6

2．直接耦合放大器的放大倍数越大，则零点漂移现象（　　）。

A．越轻微　　B．越严重　　C．与放大倍数无关

3．放大电路产生零点漂移的主要原因是（　　）。

A．放大倍数太大

B．环境温度变化引起器件参数变化

C．外界存在干扰源

4．差分放大器抑制零点漂移的效果取决于（　　）。

A．两边电路的对称程度

B．两只三极管的电流放大倍数

C．两只三极管的零点漂移幅度

5．共模抑制比的数值越大，表示（　　）。

A．对共模信号的放大倍数越大

B．抑制差模信号和零点漂移的能力越强

C．抑制共模信号和零点漂移的能力越强

6．集成运放内部电路的耦合方式为（　　）。

A．变压器耦合　　B．阻容耦合　　C．直接耦合　　D．光电耦合

7．集成运放内部电路的输入级采用的是（　　）。

A．射极输出器　　B．差分放大器　　C．共发射极放大器

四、简答题

集成运放由哪几部分组成？各部分的主要作用是什么？

第三章　放大器中的负反馈

§3—1　反馈的基本概念

一、填空题

1．反馈是把放大器__________的一部分或全部通过一定的电路，按照某种方式送回__________，与输入信号叠加，并对输入量产生影响的过程。

2．使放大器净输入量________的反馈称为正反馈，使放大器净输入量________的反馈称为负反馈。放大器中主要采用________反馈，________反馈多用于振荡电路中。

3．反馈放大器由____________和__________两部分组成。通常把________反馈的放大器称为闭环放大器，把________反馈的放大器称为开环放大器。

4．根据反馈信号从输出端取样方式的不同，反馈可分为________反馈与________反馈；根据反馈信号与输入信号连接方式（也称比较方式）的不同，反馈可分为________反馈与________反馈。

5．判别电压反馈与电流反馈可采用____________，判别串联反馈与并联反馈可采用____________。

6．________负反馈主要用于稳定放大器的静态工作点，________负反馈可以改善放大器的动态特性。

二、判断题

1．反馈信号与输入信号相位相同的称为负反馈。（　　）

2．负反馈可使放大倍数提高。（　　）

3．串联反馈就是电流反馈，并联反馈就是电压反馈。（　　）

4．电压反馈送回到输入端的信号是电压。（　　）

5．电流反馈送回到输入端的信号是电流。（　　）

6．发射极输出信号与基极输入信号的瞬时极性相同，集电极输出信号与基极输入信号的瞬时极性相反，集电极输出信号与发射极输入信号的瞬时极性相同。（　　）

三、选择题

1．要使放大器净输入信号削弱，应采取的反馈类型是（　　）。

A．串联反馈　　B．并联反馈　　C．正反馈　　D．负反馈

2．将负载短路使输出电压为零，若负反馈信号也为零，则反馈是（　　）。

A．电流反馈　　B．电压反馈　　C．并联反馈　　D．串联反馈

3. 按反馈的极性分类，反馈可分为（　　）。

A. 电压反馈与电流反馈　　B. 串联反馈与并联反馈

C. 正反馈与负反馈　　D. 直流反馈与交流反馈

4. 将输入端短路，如果反馈信号同时被短路，则反馈是（　　）。

A. 电流反馈　　B. 电压反馈　　C. 并联反馈　　D. 串联反馈

5. 交流负反馈是指（　　）。

A. 放大交流信号时才有的负反馈

B. 有旁路电容的放大器中的负反馈

C. 只存在于阻容耦合电路中的负反馈

四、简答题

1. 简述正、负反馈的概念及其主要应用。

2. 简述电路中有无反馈及反馈极性的判断方法。

五、综合题

判断图 3—1 所示各电路中引入的反馈类型。

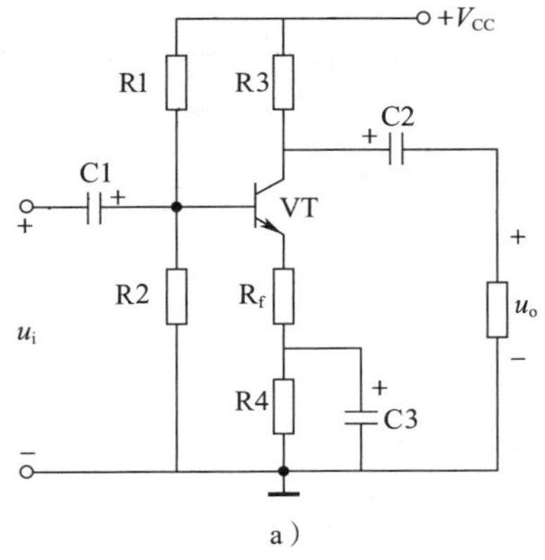

a）

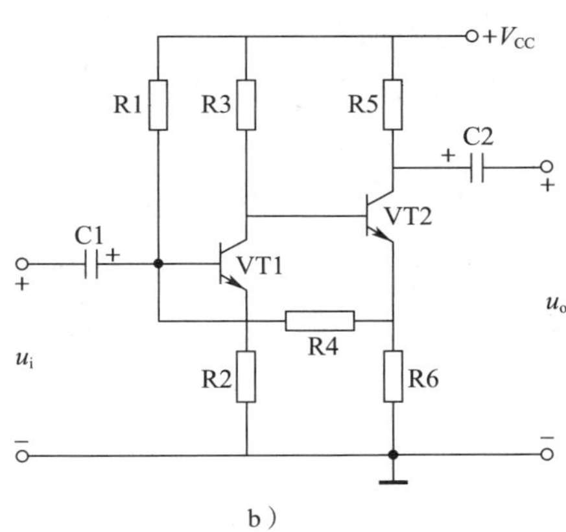

b）

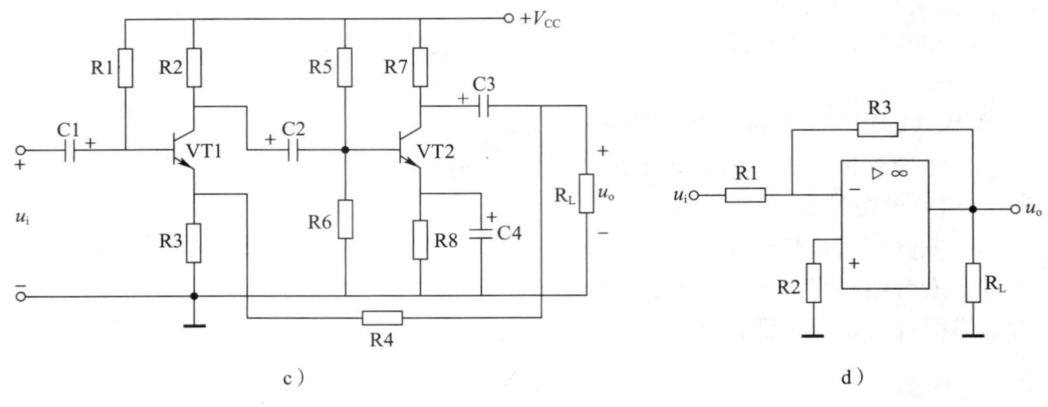

图 3—1

§3—2　负反馈对放大器性能的影响

一、填空题

1. 放大器引入负反馈后，放大器的闭环放大倍数________，稳定性能________，非线性失真________，通频带________，放大器的输入、输出电阻会________。

2. 负反馈对放大器输入电阻的影响取决于反馈信号在________端的连接方式。________负反馈使输入电阻增大，________负反馈使输入电阻减小。

3. 负反馈对放大器输出电阻的影响取决于反馈信号在________端的取样方式。________负反馈使输入电阻增大，________负反馈使输入电阻减小。

4. 在负反馈放大器中，当（$1+AF$）________1 时，称为深度负反馈，此时闭环放大倍数 $A_f \approx$__________。

5. 在图 3—2 所示反馈放大器框图中，已知 $A_u=80$，$F=0.01$，$U_o=15$ V，则 $U_i=$________，$U'_i=$________，$U_f=$________。

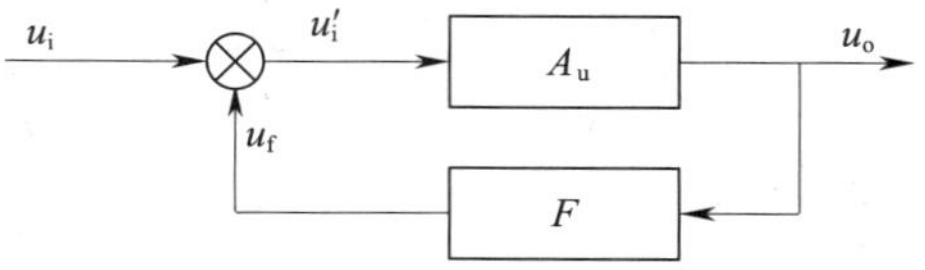

图 3—2

二、判断题

1. 在负反馈放大电路中，放大器的放大倍数越大，闭环放大倍数就越稳定。 (　　)
2. 串联负反馈使输入电阻增大，并联负反馈使输入电阻减小。 (　　)
3. 负反馈放大器反馈深度的大小将直接影响其性能改善的程度。 (　　)
4. 放大器只要引入负反馈，其输出电压的稳定性就能得到改善。 (　　)

三、选择题

1. 负反馈使放大电路的放大倍数（　　）。

   A. 降低，稳定性能提高　　B. 提高，稳定性能提高

   C. 降低，稳定性能降低　　D. 提高，稳定性能降低

2. 负反馈放大器的闭环放大倍数 $A_f =$（　　）。

   A. $1+AF$　　B. $\frac{A}{1+AF}$　　C. $A(1+AF)$

3. 负反馈放大器的反馈深度等于（　　）。

   A. $1+A$　　B. $1+AF$　　C. $\frac{1}{1+AF}$　　D. $1-AF$

4. 图 3—3 所示电路中，R3 引入的是（　　）负反馈。

   A. 电压串联　　B. 电压并联　　C. 电流串联　　D. 电流并联

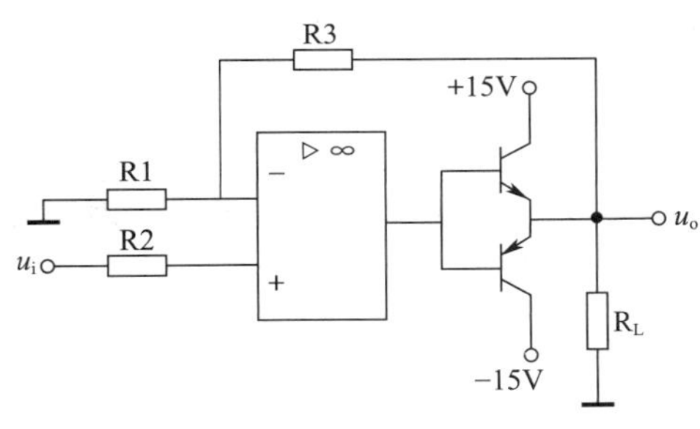

图 3—3

四、简答题

负反馈对放大器的性能有何影响？

§3—3　四种负反馈放大器性能分析

一、填空题

1. 负反馈有____________负反馈、____________负反馈、____________负反馈和____________负反馈四种基本形式。

2. 在放大电路中，为了稳定静态工作点，应引入____________负反馈；为了提高电路的输入电阻，应引入____________负反馈；为了稳定输出电压，应引入____________负反馈。

二、判断题

1. 射极输出器具有稳定输出电压的作用。（　　）
2. 若要使放大器的输入电阻大，输出电阻小，可采用电压并联负反馈电路。（　　）
3. 串联负反馈电路中，信号源内阻越小，负反馈效果越好。（　　）
4. 并联负反馈电路中，信号源内阻越大，负反馈效果越好。（　　）

三、选择题

1. 要提高放大器的输入电阻，并使输出电压稳定，可以采用（　　）负反馈。

   A. 电压串联　　B. 电压并联　　C. 电流并联　　D. 电流串联

2. 电压并联负反馈放大器可以（　　）。

   A. 提高输入电阻和输出电阻　　B. 提高输入电阻，降低输出电阻

   C. 降低输入电阻，提高输出电阻　　D. 降低输入电阻和输出电阻

3. 电流串联负反馈稳定的输出量为（　　）。

   A. 电流　　B. 电压　　C. 功率　　D. 静态电压

4. 下列关于射极输出器的说法，正确的是（　　）。

   A. 无电压放大作用和电流放大作用

   B. 有电压放大作用，无电流放大作用

   C. 无电压放大作用，有电流放大作用

   D. 有电压放大作用和功率放大作用

四、简答题

简述四种负反馈放大器的性能特点。

五、综合题

画出能实现下列作用的简单负反馈放大器。

（1）输出电压基本稳定，能提高输入电阻。

（2）输出电流基本稳定，能提高输入电阻。

（3）能提高输入电阻，降低输出电阻。

第四章　集成运算放大器的应用

§4—1　集成运放的主要参数和工作特点

一、填空题

1. 多级直流放大电路最主要的问题是____________，解决的办法是采用______________。

2. 集成运放主要由__________、__________、__________和__________四个基本部分组成。

3. 集成运放的理想化条件为：(1) 开环差模电压放大倍数为________；(2) 开环差模输入电阻为________；(3) 开环差模输出电阻为________；(4) 共模抑制比为________；(5) 没有__________现象。

4. 为了使集成运放工作在线性工作区，必须在集成运放外部引入______反馈，使其工作在闭环状态。

5. 理想集成运放工作在线性区时具有以下特点：两个输入端的电位差为______，两个输入端的电流为______。工作在非线性区时，当 $u_P > u_N$ 时，$u_o =$ ______，当 $u_P < u_N$ 时，$u_o =$ ______，两个输入端的电流关系是 $i_P = i_N =$ ______。

6. 在图 4—1 所示电路中，已知稳压管的稳定电压 $U_Z = 7.5$ V，$R_f = 2R_1$，则 $U_o =$ ________V。

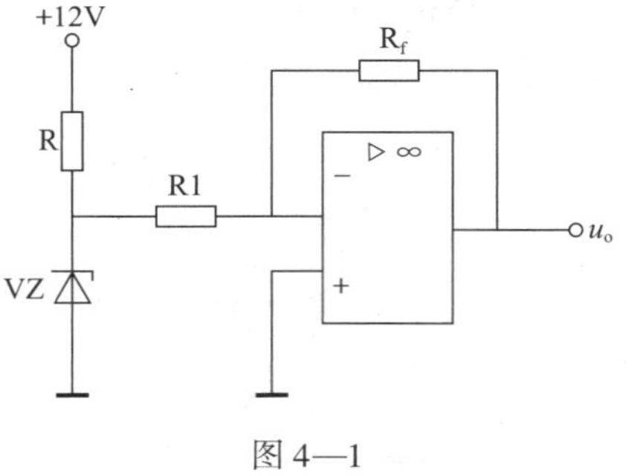

图 4—1

二、判断题

1. 集成运放的共模抑制比 K_{CMR} 越大，表明其抑制零点漂移的能力越强。（　　）

2. 同相比例运算放大器是一种电压串联负反馈放大器。（　　）

3. 理想集成运放的同相输入端和反相输入端之间不存在虚短和虚断。（　　）

4. 分析同相比例运算放大器时，需要用到虚地概念。（　　）

5. 同相比例运算放大器和反相比例运算放大器都是非线性放大电路。（　　）

6. 反相比例运算电路中，当 $R_1 = R_f$ 时，电路将变成反相器。（　　）

7. 同相比例运算电路中，当 $R_1=\infty$，$R_f=0$ 时，电路将变成电压跟随器。 (　　)

三、选择题

1. 反相比例运算放大器的反馈类型为（　　）。

A. 电压串联负反馈　　B. 电压并联负反馈

C. 电流串联负反馈　　D. 电流并联负反馈

2. 同相比例运算放大器的反馈类型为（　　）。

A. 电压串联负反馈　　B. 电压并联负反馈

C. 电流串联负反馈　　D. 电流并联负反馈

3. 深度负反馈可使集成运放进入（　　）。

A. 非线性区　　B. 线性区　　C. 放大区　　D. 截止区或饱和区

4. 图 4—2 所示集成运放中，输出电压 u_o 等于（　　）。

A. $-u_i$　　B. u_i　　C. $3u_i$　　D. $-2u_i$

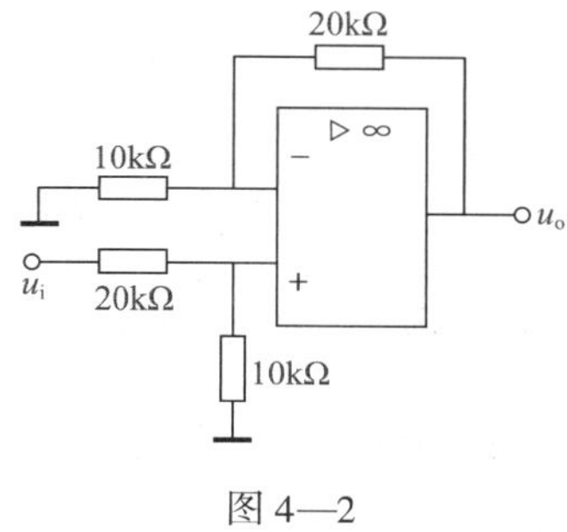

图 4—2

四、简答题

1. 集成运放的主要参数有哪些？

2. 理想集成运放具有哪些特点？

五、综合题

1. 电路如图 4—3 所示，试分析其中 A1、A2、A3 所组成电路的类型，并计算 u_o 的值。（图上电阻旁标注为其阻值）

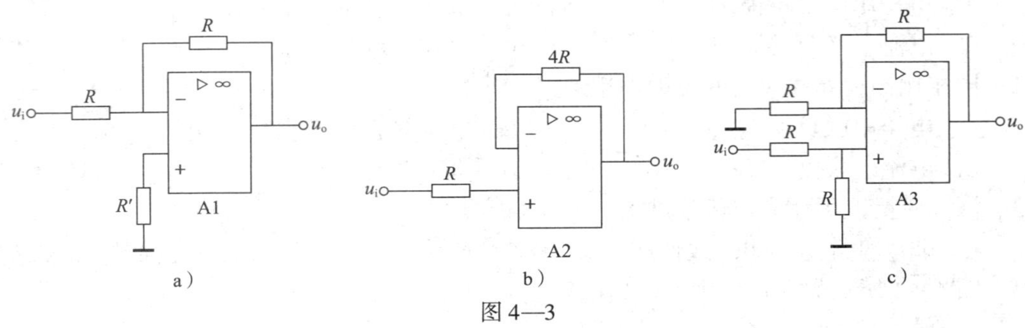

图 4—3

2. 分析图 4—4 所示电路属于什么电路，若已知 $R_f=100\ \text{k}\Omega$，则 R1 的电阻值为多少？

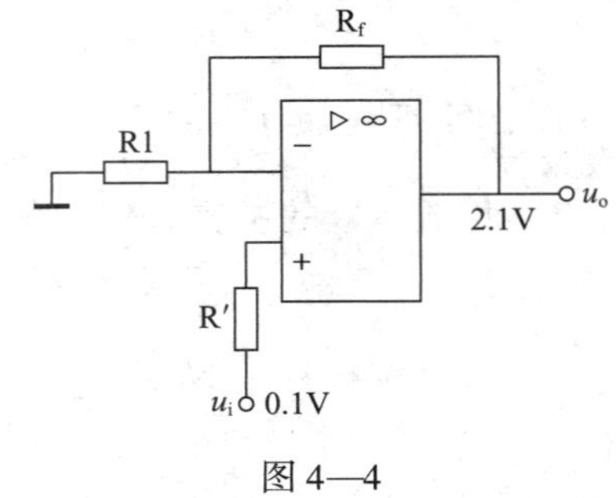

图 4—4

§4—2　信号运算电路

一、填空题

1. 集成运放有__________、__________和__________三种输入方式。在减法运算电路中，集成运放采用的是________输入形式。

2. 积分运算电路可以将输入的方波变成________波形。

3. 当微分运算电路的输入电压为矩形时，其输出信号为________波形。

4. 在自动控制系统中，常利用________运算电路实现延时作用，使外加电压缓慢上升，以避免机械损坏；利用________运算电路产生控制脉冲。

二、判断题

1. 引入负反馈是集成运放线性应用的必要条件。（　　）
2. 只要改变集成运放的外部反馈元件和输入方式，就可以获得各种运算电路。（　　）
3. 理想集成运放的差分输入形式是减法运算电路。（　　）

三、选择题

1. 在图4—5所示电路中，$R_f=3R$，$u_i=3$ V，则输出电压 u_o 为（　　）V。

A. 6　　B. −6　　C. 9　　D. −9

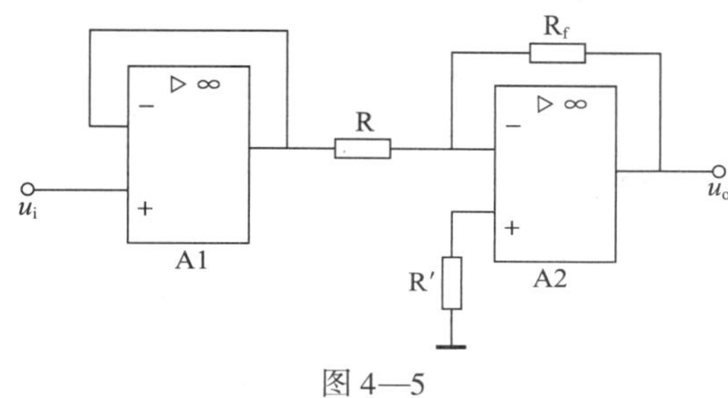

图4—5

2. 集成运放工作在线性状态时，在（　　）电路中，流过反馈电阻的电流等于各输入电流之和。

A. 减法运算　　B. 反相加法　　C. 同相加法

3. 积分运算电路通过（　　）引入负反馈。

A. 电阻　　B. 电容　　C. 电阻和电容　　D. 平衡电阻

4. 微分运算电路中的电容接在电路的（　　）。

A. 反相输入端　　B. 同相输入端

C. 反相输入端和输出端之间　　D. 同相输入端和输出端之间

四、综合题

1. 在图4—6所示电路中，已知 $R_1=3$ kΩ，$R_2=10$ kΩ，$R_3=10$ kΩ，$R_{f1}=51$ kΩ，$R_{f2}=24$ kΩ，$u_{i1}=0.1$ V，$u_{i2}=0.5$ V，求 u_{o1} 和 u_o。

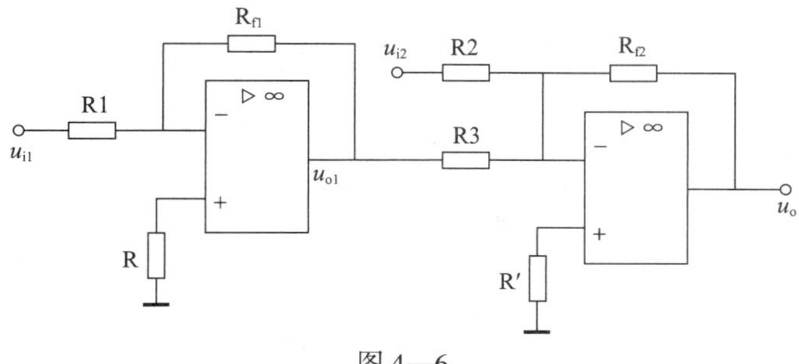

图4—6

2. 在图4—7所示的理想运放电路中，$u_{i1}=-2$ V，$u_{i2}=3$ V，$u_{i3}=4$ V，$u_{i4}=-5$ V，求u_o的值。

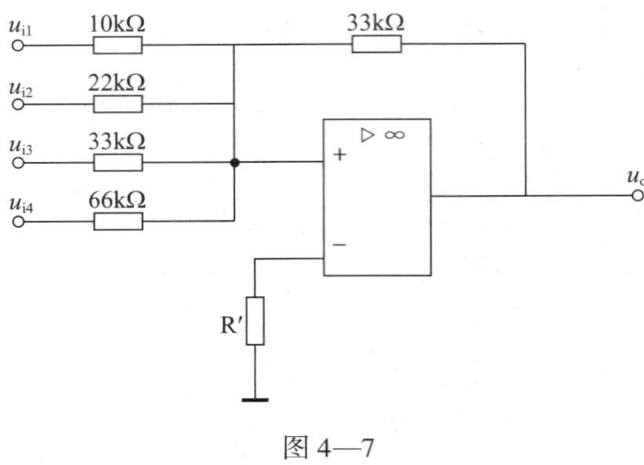

图4—7

3. 放大电路如图4—8所示，试证明：当开关S闭合时，$\frac{u_o}{u_i}=-1$；当开关S断开时，$\frac{u_o}{u_i}=1$。

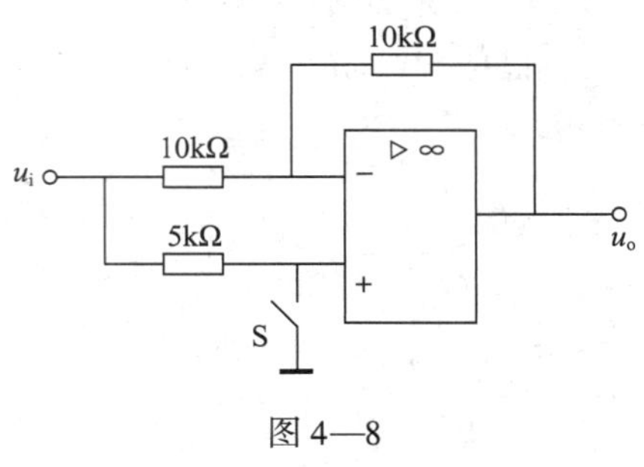

图4—8

§4—3 集成运放的非线性应用

一、填空题

1. 集成运放非线性应用时，不再存在________特性，但仍具有________特性。

2. 单门限电压比较器中的集成运放工作在________状态，属于__________应用。

3. 迟滞比较器又称为________触发器，它是一种双门限电压比较器。

4. 集成运放用于数学运算时，要求运放必须工作在________区，若运放输出电压非常接近其电源电压，此时运放实际上已经工作在________区。

5. 若要集成运放工作在线性区，则必须在电路中引入深度________反馈；若要集成运放工作在非线性区，则必须在电路中引入________反馈或者工作在________状态下。

二、判断题

1. 集成运放非线性应用时，输出电压只有两种状态，即等于 $+U_{om}$ 或 $-U_{om}$。 (　　)

2. “虚短”概念在集成运放的非线性应用中依然成立。 (　　)

3. 集成运放电路中有负反馈，说明集成运放工作在非线性区。 (　　)

4. 双门限比较器中的回差电压与参考电压有关。 (　　)

5. 利用电压比较器可将矩形波变换成正弦波。 (　　)

6. 只要集成运放引入正反馈，就一定工作在非线性区。 (　　)

7. 当集成运放工作在非线性区时，输出电压不是高电平，就是低电平。 (　　)

8. 一般情况下，在电压比较器中，集成运放不是工作在开环状态，就是引入了正反馈。 (　　)

9. 如果一个迟滞比较器的两个门限电压和一个窗口比较器的相同，那么当它们的输入电压相同时，输出电压波形也相同。 (　　)

10. 在输入电压从足够低逐渐增大到足够高的过程中，单门限比较器和迟滞比较器的输出电压均只跃变一次。 (　　)

11. 单门限比较器比迟滞比较器抗干扰能力强，而迟滞比较器比单门限比较器灵敏度高。 (　　)

12. 迟滞比较器属于窗口比较器。 (　　)

三、选择题

1. 集成运放工作在非线性区时，输出电压有（　　）个。

A. 1　　B. 2　　C. 3　　D. 4

2. 在单门限比较器中，集成运放工作在（　　）状态。

A. 截止　　B. 开环放大　　C. 闭环放大　　D. 饱和

3. 过零比较器实际上是（　　）比较器。

A. 单门限　　B. 双门限　　C. 无门限　　D. 窗口

4. 双门限比较器是一个含有（　　）网络的比较器。

A. 正反馈　　B. 负反馈　　C. RC　　D. LC

5. 各种比较电路的输出只有（　　）种状态。

A. 1　　B. 2　　C. 3　　D. 4

6. 工作在开环状态的比较电路，其输出不是正饱和值就是负饱和值。它们的大小取决于（　　）。

A. 集成运放的开环放大倍数　　B. 外电路参数

C. 集成运放的工作电源　　D. 集成运放的参数

7. 若希望在 $u_i < +3$ V 时，u_o 为高电平，而在 $u_i > -3$ V 时，u_o 为低电平，可采用（　　）。

A. 同相输入单门限电压比较器　　B. 反相输入单门限电压比较器

C. 反相输入迟滞电压比较器　　D. 同相输入迟滞电压比较器

8. 窗口比较器有（　　）个门限电压。

A. 1　　B. 2　　C. 3　　D. 4

四、简答题

集成运放工作在线性区和非线性区时各有何特点？

五、综合题

1. 有一利用集成运放实现的报警器电路，当被检测量转换成的电压值超出某一正常范围时（过高或过低），报警器就会发出报警声。该电路中集成运放工作在线性区还是非线性区？有可能采用的是哪种电路？

2. 单门限电压比较器及其输入电压波形如图 4—9 所示，试画出输出电压 u_o 的波形。

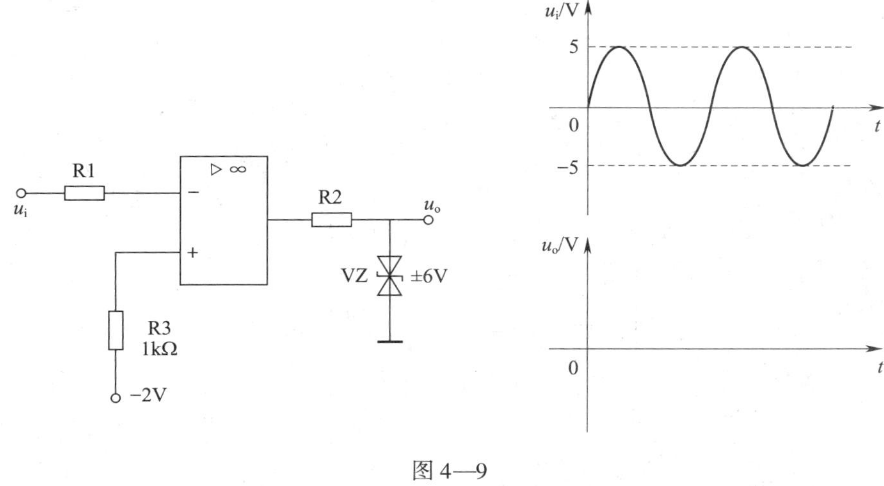

图 4—9

3. 画出图 4—10a 所示电路的输出电压波形，已知输入电压 u_i 的波形如图 4—10b 所示，放大器的最大输出电压为 ± 10 V。

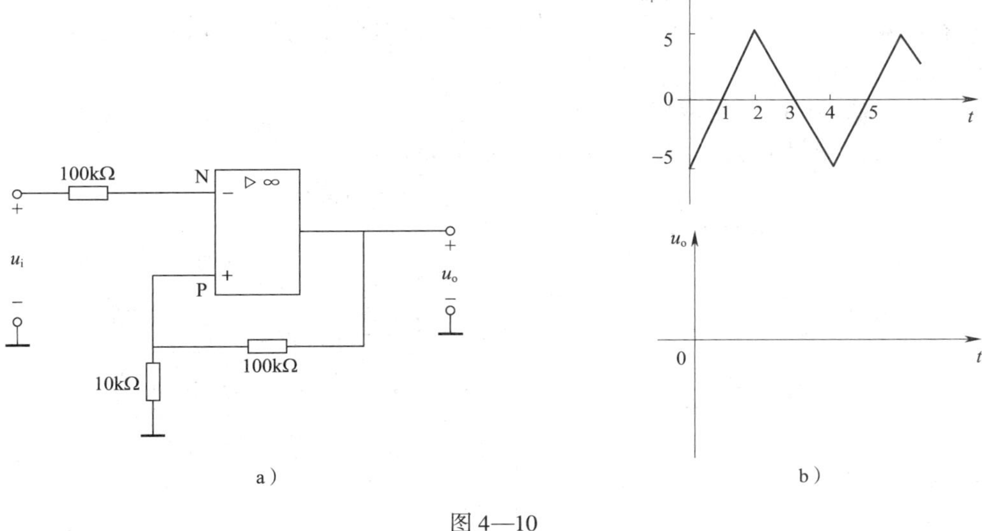

图 4—10

4. 迟滞电压比较器及其输入电压波形如图 4—11a 所示，试在图 4—11b 中画出输出电压 u_o 的波形。

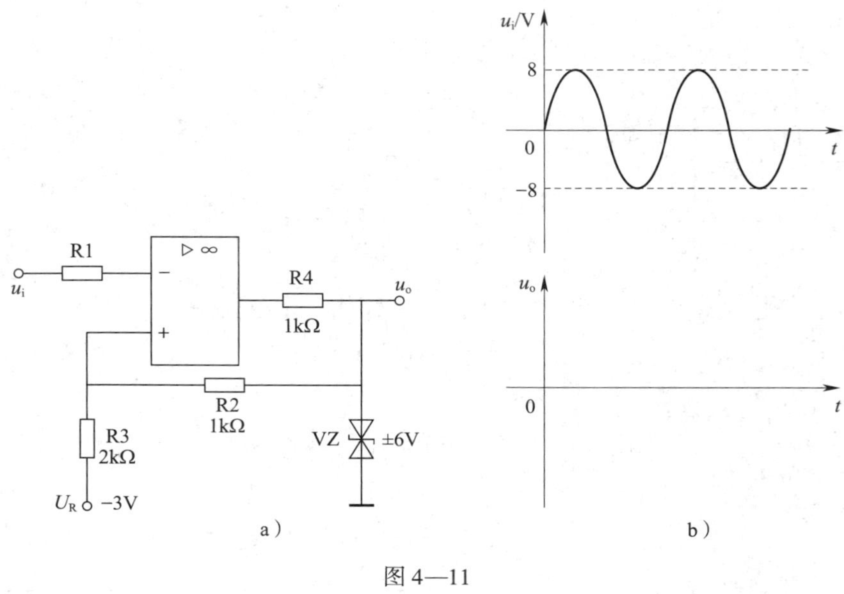

a）　　　　b）

图 4—11

5. 在图 4—12 所示电路中，A1、A2 和 A3 均为理想放大器，其最大输出电压幅度为 ±12 V。则：

（1）A1、A2 和 A3 各组成何种基本应用电路？

（2）A1、A2 和 A3 分别工作在线性区还是非线性区？

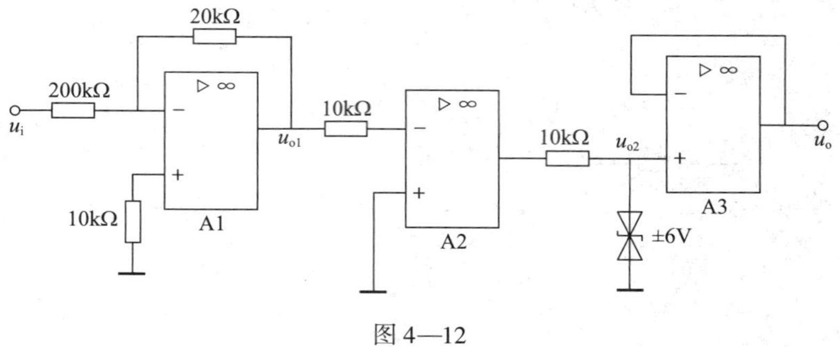

图 4—12

§4—4　使用集成运放应注意的问题

一、填空题

1．集成运放种类很多，按用途可分为________和________两大类。

2．集成运放在使用中必须设置____________保护、__________保护和__________保护。

3．集成运放在使用时要进行消振和________。为避免集成运放损坏，还应在输入、输出端加接____________，为防止电源接反也应加接____________。

4．选用集成运放时，应根据电路要求，从集成运放的____________、____________、____________等方面进行综合考虑。

二、判断题

1．集成运放使用时必须设置各种保护。（　　）

2．有些集成运放既可以用单电源供电又可以用双电源供电。（　　）

3．如果集成运放电路已引入负反馈，调节调零电位器时输出电压无变化，则可能是接线错误、电路虚焊或集成运放损坏。（　　）

三、简答题

1．简述集成运放的主要类型及其特点。

2．简述用万用表检测集成运放质量的方法。

第五章　波形发生器

§5—1　选频放大器与正弦波振荡器

一、填空题

1. LC 并联电路的频率特性为：当信号频率 $f=f_0=$ ________时，电路呈________性；当 $f<f_0$ 时，电路呈________性；当 $f>f_0$ 时，电路呈________性。

2. 具有________放大能力的放大器称为选频放大器。

3. 无需外加信号就能连续不断地产生一定________、一定________和一定________交流信号的电路称为波形发生器。

4. 正弦波振荡器通常由________、________、________和________部分组成。

5. 正弦波振荡器按选频网络组成元件不同，可分为________、________和________三种类型。

6. 正弦波振荡电路的相位平衡条件是________________，振幅平衡条件是________________。

7. 振荡器输出的信号频率取决于________________。

二、判断题

1. 正弦波振荡器中的选频网络是正反馈网络。（　　）

2. 自激振荡器中如没有选频网络，就不可能产生单一频率的正弦波。（　　）

3. 正弦波振荡器必须依靠外部输入的交流信号才能产生交流信号。（　　）

4. 对于正弦波振荡器而言，只要满足了相位平衡条件，即使放大倍数再小，电路也能产生正弦波振荡。（　　）

5. 从结构上来看，正弦波振荡器是一个没有输入信号的带选频网络的负反馈放大器。（　　）

6. 只要电路存在正反馈，电路就能产生正反馈振荡。（　　）

7. 正弦波振荡器是一种能量发生器。（　　）

8. 稳幅环节的作用是使输出信号幅值稳定。（　　）

三、选择题

1. 振荡器的功能是（　　）。

A. 放大交流信号　　B. 将输入信号转换为正弦波信号

C. 变换波形　　　　　　　　　　　　D. 自行产生交流信号

2. 某振荡器的反馈系数 $F=0.25$，要使电路自行产生振荡，要求其放大器的放大倍数应（　　）。

A. ≥1　　　　B. ≤4　　　　C. ≥4　　　　D. =4

3. 正弦波振荡器引入正反馈的作用是（　　）。

A. 提高放大器的放大倍数　　　　B. 产生单一频率的正弦信号

C. 使电路满足振幅平衡条件　　　　D. 使电路满足相位平衡条件

4. 自激振荡器必须满足（　　）条件。

A. 相位平衡　　　　B. 振幅平衡　　　　C. 相位平衡和振幅平衡

5. 正弦波振荡器的输出信号最初是由（　　）中而来的。

A. 基本放大器　　　　B. 反馈网络　　　　C. 干扰或噪声信号

四、简答题

1. 简述正弦波振荡器各组成部分的作用。

2. 振荡器与放大器的主要异同点是什么?

§5—2　LC 振荡器

一、填空题

1. 常用的LC振荡器有＿＿＿＿＿＿式LC振荡器、＿＿＿＿＿＿式LC振荡器和＿＿＿＿＿＿式LC振荡器等。

2. LC振荡器通常采用＿＿＿＿＿作为选频网络。

3. 在变压器反馈式LC振荡器中，＿＿＿＿实现了放大作用，＿＿＿＿实现了正反馈作用，＿＿＿＿＿＿实现了选频作用。

4. 在三点式LC振荡器的交流等效电路中，LC谐振回路的三个引出端分别与三极管的三个极相连，与发射极相连的为两个相＿＿＿＿性质电流，与基极相连的为两个相＿＿＿＿性质电流，这一接法俗称＿＿＿＿＿＿。凡是按这一法则连接的三点式LC振荡器必定满足相位平衡条件。

5. 在电感三点式LC振荡器中，反馈电压取自＿＿＿＿，输出信号中含有的高次谐波较＿＿＿＿，波形较＿＿＿＿。

6. 在电容三点式LC振荡器中，反馈电压取自＿＿＿＿，输出信号中含有的高次谐波较＿＿＿＿，波形较＿＿＿＿。

二、判断题

1. 电感三点式LC振荡器中，要求L1与L2的连接点（即中心抽头）必须接振荡三极管的发射极。　　（　　）

2. 制作要求频率非常稳定的测试用信号源，通常选用电感三点式LC振荡器。　　（　　）

3. 电感三点式LC振荡器的输出波形比电容三点式LC振荡器的输出波形要好。（　　）

三、选择题

1. 在LC振荡器中，减小选频网络C的容量，振荡器的频率将（　　）。

A. 提高　　B. 不变　　C. 降低

2. 在LC振荡器中，稳幅环节是靠（　　）实现的。

A. 负反馈网络　　B. 三极管的非线性　　C. 选频网络

3. 电容三点式LC振荡器的参数为C_1、C_2、L，则振荡频率f_0为（　　）。

A. $\dfrac{1}{2\pi\sqrt{LC_1}}$　　B. $\dfrac{1}{2\pi LC_2}$

C. $\dfrac{1}{2\pi\sqrt{L(C_1+C_2)}}$　　D. $\dfrac{1}{2\pi\sqrt{L\dfrac{C_1C_2}{C_1+C_2}}}$

4. 下列关于改进型电容三点式LC振荡器的说法，正确的是（　　）。

A. 易于起振

B. 可以提高振荡频率的稳定性

C. 可以提高振荡器的振荡频率

5. LC 振荡器电路如图 5—1 所示，该电路（　　）。

A. 放大器不能正常工作，故不能振荡

B. 不满足相位平衡条件，故不能振荡

C. 没有选频网络，故不能振荡

D. 能正常振荡

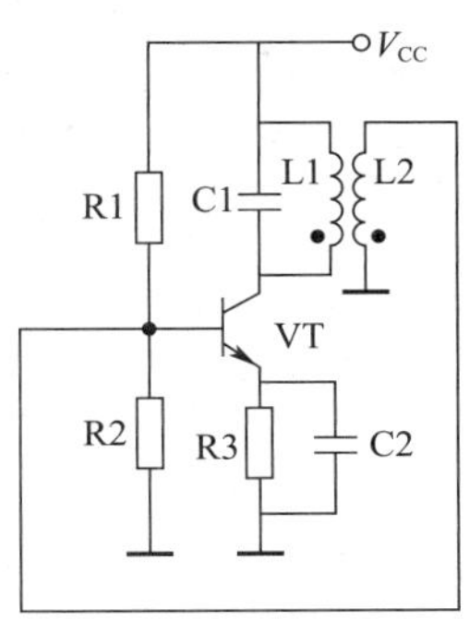

图 5—1

四、综合题

1. 判断图 5—2 所示各电路能否产生正弦波振荡，并说明理由。

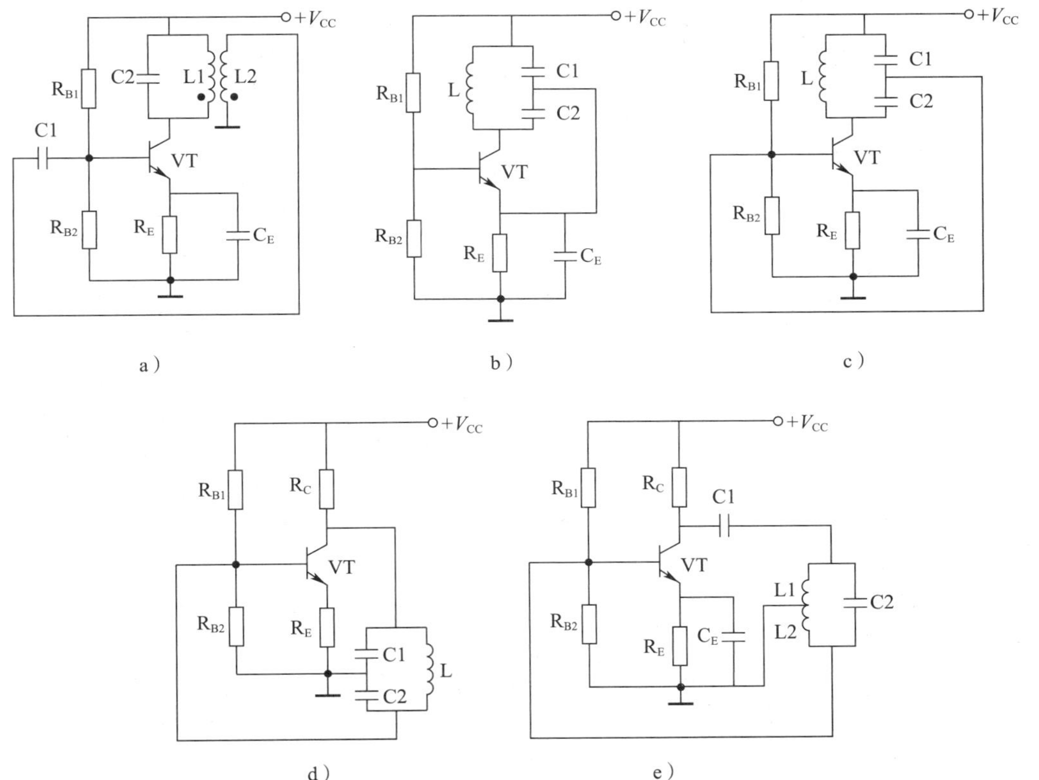

图 5—2

2. 图 5—3 所示电路为某收音机中的振荡器，试分析电路并完成下列题目。

（1）说明振荡器的类型及各元件的作用。

（2）在图中标出变压器的同名端。

（3）已知 $C_4=20$ pF，求振荡器频率的调节范围。

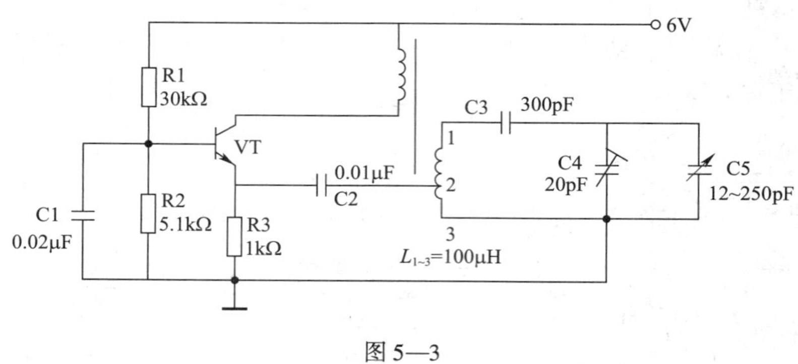

图 5—3

§5—3 石英晶体振荡器

一、填空题

1. 石英晶体振荡器是利用石英晶体的__________工作的，它的最大特点是__________，一般可构成__________和__________两种石英晶体振荡器。

2. 图 5—4 所示为石英晶体振荡器的等效电路，其中 C_0 为__________，L 为__________，C 为__________，R 为__________。

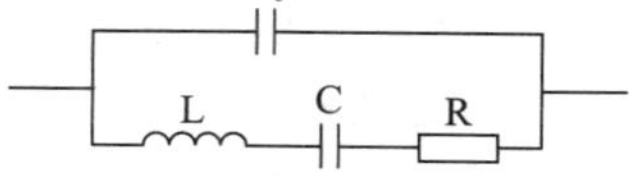

C_0 L C R

图 5—4

3. 当信号频率等于石英晶体的串联谐振频率或并联谐振频率时，石英晶体呈________性；当信号频率在石英晶体的串联谐振频率和并联谐振频率之间时，石英晶体呈________性；其余情况下，石英晶体呈________性。

4. 石英晶体的谐振频率非常稳定，在电容三点式 LC 振荡器中常取代________元件，组成石英晶体振荡器。

二、判断题

1. 振荡器负载的变动不会影响振荡频率的稳定度。（　　）

2. 石英晶体振荡器的最大特点是振荡频率很高。（　　）

3. 石英晶体振荡器的并联谐振频率与串联谐振频率相同，当频率 f_0 等于石英晶体的谐振频率时，石英晶体构成正反馈选频电路。（　　）

4. 用石英晶体取代电容三点式 LC 振荡器中的电感，就构成了并联型石英晶体振荡器。（　　）

5. 串联型石英晶体振荡器的谐振频率等于石英晶体的串联谐振频率。（　　）

三、选择题

1. 石英晶体振荡器的最大特点是（　　）。

A. 振荡频率很高　　B. 振荡波形失真小　　C. 振荡频率稳定度很高

2. 石英晶体振荡器在电路中的作用是（　　）。

A. 放大　　B. 选频　　C. 稳幅

3. 串联型石英晶体振荡器中，石英晶体呈（　　）。

A. 感性　　B. 容性　　C. 纯电阻性

4. 并联型石英晶体振荡器中，石英晶体呈（　　）。

A. 感性　　B. 容性　　C. 纯电阻性

四、综合题

判断图 5—5 所示各电路能否满足振荡条件。

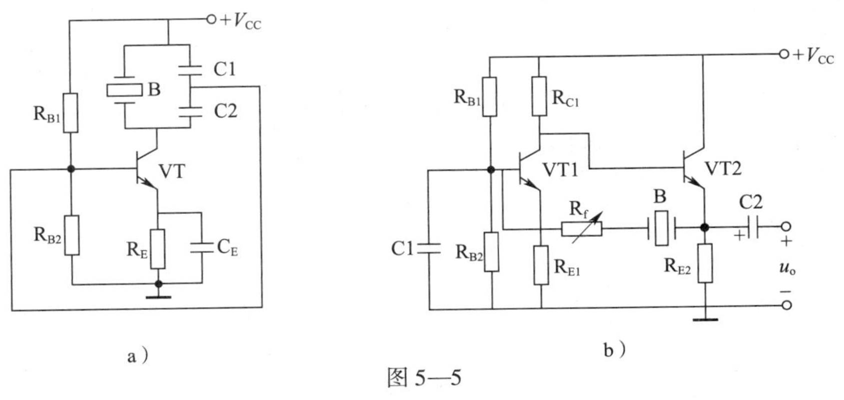

图 5—5

§5—4 RC 桥式振荡器

一、填空题

1. RC 桥式振荡器采用____________作为选频网络。

2. RC 桥式振荡器的稳幅通常可以采用________和__________来实现。

3. RC 串并联选频网络中，在 $f=f_0=\dfrac{1}{2\pi RC}$时，u_f 与 u_o 相位相同，反馈系数 $F=$_____，因此，RC 桥式振荡器中的放大器必须满足电压放大倍数 A______，相位差为______，才能满足振荡平衡条件。

4. RC 桥式振荡器是由__________和具有选频作用的__________网络组成的，振荡频率 f_0 为__________。

二、判断题

1. RC 桥式振荡器采用两级放大器的目的是为了实现同相放大。 （ ）

2. RC 桥式振荡器通常作为低频信号发生器来使用。 （ ）

3. 振荡器中只要引入了负反馈，就不会产生振荡信号。 （ ）

三、选择题

1. RC 桥式振荡器中基本放大电路的放大倍数必须为（ ）才能满足振幅平衡条件。

A. $A_u=1$ B. $A_u=2$ C. $A_u=3$

2. RC 移相式振荡器中，RC 移相网络必须完成（ ）移相。

A. 90° B. 180° C. 360°

3. 低频信号发生器中的振荡器，一般选用（ ）。

A. LC 振荡器 B. RC 桥式振荡器

C. RC 移相式振荡器 D. 石英晶体振荡器

四、综合题

1. 图 5—6 所示为 RC 正弦波发生器，试分析电路并完成下列题目。

（1）在图中标出运放的同相输入端和反相输入端。

（2）说明 VD1 和 VD2 的作用。

（3）估算振荡频率 f_0。

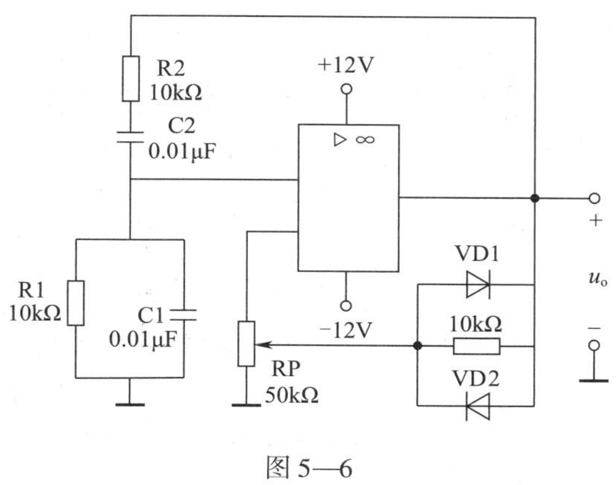

图 5—6

2. 电路如图 5—7 所示，双向稳压二极管 VZ 起稳幅作用，其稳定电压值为 ±6V，试估算：

（1）输出电压不失真情况下的有效值。

（2）电路的振荡频率。

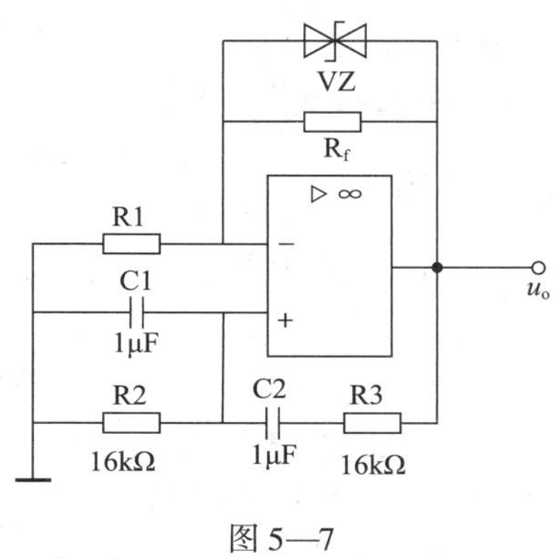

图 5—7

* §5—5 非正弦波发生器

一、填空题

1. 方波发生器由__________和____________两部分组成，输出端所接双向稳压二极管对输出电压波形起_______作用。

2. 矩形波的_______与_______之比称为占空比，方波的占空比为_______。

3. 在矩形波发生器中，若使电容充、放电时间相等，则输出信号为_______波；若使电容充、放电时间不等，则输出信号为_______波。

4. 三角波发生器由__________和_________两部分组成。

5. 锯齿波发生器的组成与三角波发生器类似，区别在于当_____电路中电容的充放电时间常数_____时，输出信号变为锯齿波。

二、判断题

1. 非正弦波发生器的振荡条件与正弦波发生器一样。 （ ）

2. 非正弦波发生器只要反馈信号能使比较电路状态发生变化，即能产生周期性的振荡。 （ ）

3. 方波发生器中，当电容充放电时间常数不相等时，输出信号变为矩形波。 （ ）

4. 非正弦波振荡器的振荡频率主要取决于选频网络的参数。 （ ）

5. 锯齿波发生器的振荡频率与 RC 充放电回路的时间常数有关，另外也与迟滞比较器的参数有关。 （ ）

6. 锯齿波发生器实质上是一种三角波发生器。 （ ）

三、选择题

1. 方波发生器由迟滞比较器和 RC 充放电回路两部分组成，其中双向稳压二极管起（ ）作用。

   A. 稳幅　　B. 负反馈　　C. 限幅

2. 三角波发生器由（ ）组成。

   A. 迟滞比较器和 RC 充放电回路

   B. 迟滞比较器和积分电路

   C. 积分电路和 RC 充放电回路

3. 锯齿波发生器由占空比可调的矩形波发生电路和（ ）组成。

   A. 积分电路　　B. 微分电路　　C. 积分和微分电路

四、简答题

1. 简述方波发生器的组成和工作原理。

2. 简述三角波发生器的组成和工作原理，以及其与锯齿波发生器的异同。

第六章　低频功率放大器

§6—1　功率放大器的基本要求及分类

一、填空题

1. 向负载提供信号功率的放大器称为____________。

2. 功率放大器的基本要求是_________________________、____________、__________________________和_________________________。

3. 甲类功率放大器的静态工作点 Q 设置在交流负载线的________，乙类功率放大器的静态工作点 Q 设置在交流负载线的_______，甲乙类功率放大器的 Q 点设置在__________。

4. 按输出耦合方式不同，功率放大器可分为__________________、________________、__________________和__________________。

二、判断题

1. 三极管不能放大功率，只能起到能量转换的作用。（　　）

2. 由于功率放大器中三极管工作于大信号状态，电压和电流变化幅度大，所以容易产生非线性失真。（　　）

3. 甲类功率放大器的效率低，主要是由于静态工作点选在放大区的中点，使静态电流较大造成的。（　　）

4. 功率放大器的负载所获得的功率是由直流电源提供的。（　　）

5. OTL、OCL 和 BTL 电路都不需要用输出变压器。（　　）

三、选择题

1. 功率放大器的主要任务是（　　）。

   A. 不失真地放大信号电流

   B. 不失真地放大信号功率

   C. 向负载提供足够大的信号电压

2. 下列功率放大器中，效率最高的是（　　）功率放大器。

   A. 甲类　　　　B. 乙类　　　　C. 甲乙类

3. 实用的功率放大器通常工作在（　　）状态。

   A. 甲类　　　　B. 乙类　　　　C. 甲乙类

4. 功率放大器的效率是指（　　）。

   A. 功放管消耗功率与电源功率之比

B. 功放管消耗功率与负载功率之比

C. 负载功率与电源功率之比

5. 功率放大器通常位于多级放大器的（　　）。

A. 前级　　B. 中间级　　C. 后级　　D. 不确定

四、简答题

根据功放管静态工作点的位置不同，功率放大器可分为甲类、乙类、甲乙类等。如图 6—1 所示为功率放大器中功放管的集电极电流波形，试分析其各为何种类型。

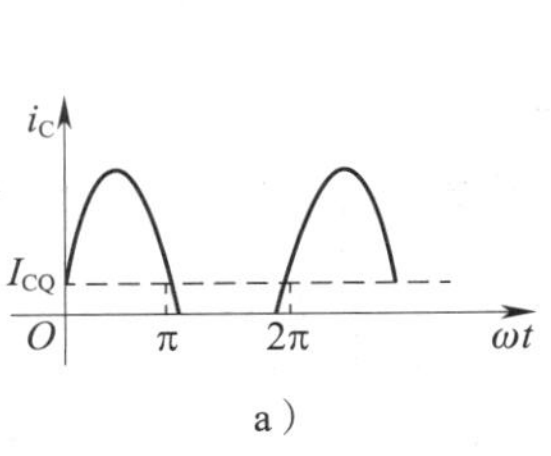

a）

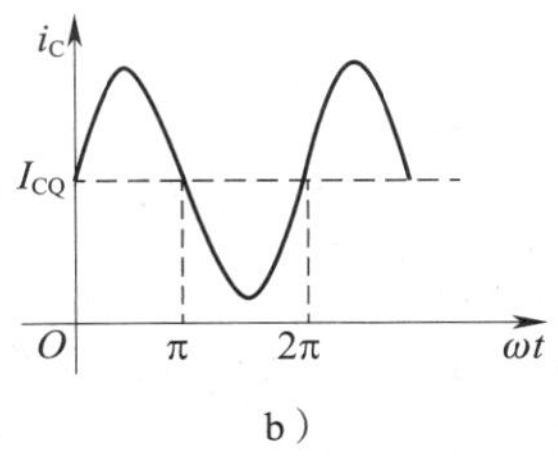

b）

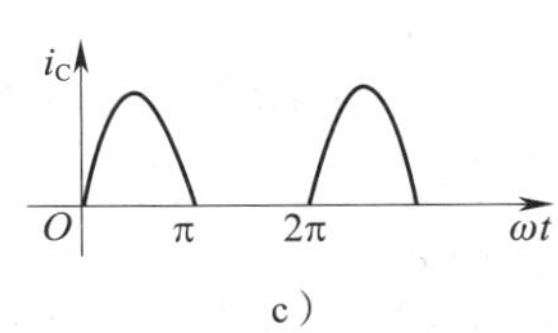

c）

图 6—1

§6—2　OTL 和 OCL 功率放大器

一、填空题

1. OTL 和 OCL 功率放大器都是采用________类型的两只功放管交替工作，并都接成______极输出形式。

2. OTL 功率放大器中，输出端的大容量电容既是________________，同时又可充当________________。

3. 分析图 6—2 所示电路可知：

（1）静态时，U_A = ____V，电容 C_L 上的静态电压 U_C = ____V。

（2）理想状态下的最大输出功率为________。

（3）在选择功放管 VT1 和 VT2 时，它们的 I_{CM} 至少为______，$U_{(BR)CEO}$ 至少为______，P_{CM} 至少为________。

4. 在乙类功率放大器中，两只功放管________导通，输出一个放大的完整正弦波信号，但由于三极管________的存在，输出信号在正负半周________处会产生失真，称为________失真。

5. OCL 电路如图 6—3 所示，在输入信号 u_i 的正半周，________管发射结正偏而导通，________管发射结反偏而截止，形成的电流回路为__________________________；在输入信

号 u_i 的负半周，________管发射结正偏而导通，________管发射结反偏而截止，形成的电流回路为_________________________。

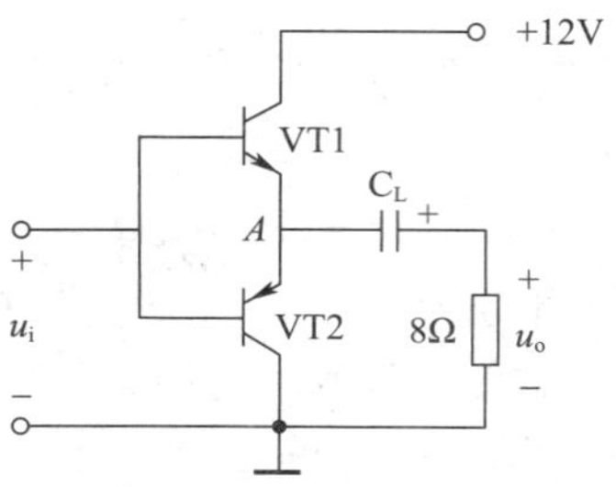

图 6—2

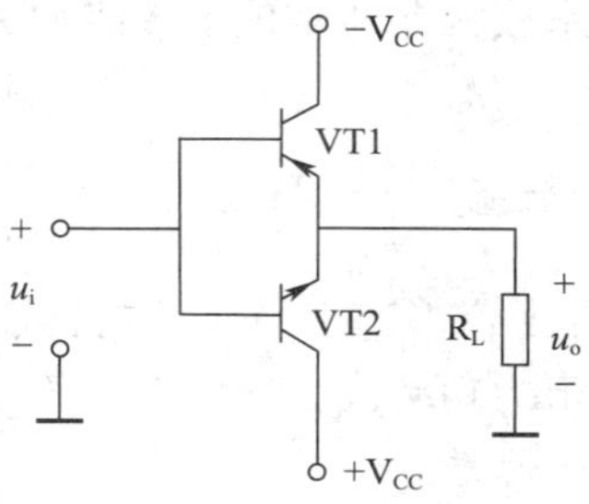

图 6—3

6. 图 6—3 所示电路会出现________失真，消除该失真的方法是给功放管的发射结加上很小的____________，使其在静态时处于____________。

7. 复合管的电流放大系数 β 约等于两只三极管的电流放大系数 β_1、β_2 的________。

8. 选择功放管的主要依据是功率放大器的______________和__________，并且和功率放大器的________有关。

二、判断题

1. OTL 功率放大器中，两只功放管采用的是相同型号的三极管。 （ ）

2. OTL 功率放大器中，输出电容 C 的作用只是将信号传递到负载。 （ ）

3. OTL 功率放大器中，在 8 Ω 扬声器两端再并接一个同样的扬声器，则总的输出功率不变。 （ ）

4. 复合管中，应将第一只三极管的集电极或发射极电流作为第二只三极管的基极电流。 （ ）

5. OCL 功率放大器采用单电源供电。 （ ）

三、选择题

1. OTL 和 OCL 功率放大器中，两只功放管交替工作，并都接成（ ）电路。

A. 共集电极　　B. 共发射极　　C. 共基极

2. OTL 互补对称功率放大电路中，要求 4 Ω 的扬声器得到 2 W 的最大理想不失真输出功率，应选电源电压为（ ）V。

A. 8　　B. 6　　C. 10　　D. 14

3. 图 6—4 所示电路为（ ）互补对称功率放大电路。

A. OTL 乙类　　B. OTL 甲乙类　　C. OCL 甲乙类

4. OCL 功率放大电路中，输出端中点的静态电位为（ ）。

A. V_{CC}　　B. $2V_{CC}$　　C. $\frac{V_{CC}}{2}$　　D. 0

5. 在理想状态下，OCL 功率放大电路的最大输出功率为（ ）。

A. $\frac{V_{CC}^2}{2R_L}$　　B. $\frac{V_{CC}}{2R_L}$　　C. $2\frac{V_{CC}^2}{R_L}$　　D. $\frac{V_{CC}^2}{8R_L}$

6. 在 OCL 乙类功率放大电路中，若最大输出功率为 1 W，则电路中功放管的最大管耗约为（　　）W。

A. 1　　B. 0.5　　C. 0.2　　D. 0.1

7. OTL 功率放大电路中，输出端中点的静态电位为（　　）。

A. 0　　B. $\frac{V_{CC}}{2}$　　C. V_{CC}　　D. $2V_{CC}$

8. 图 6—5 所示复合管的类型分别为（　　）。

A. NPN 型和 PNP 型　　B. NPN 型和 NPN 型

C. PNP 型和 NPN 型　　D. PNP 型和 PNP 型

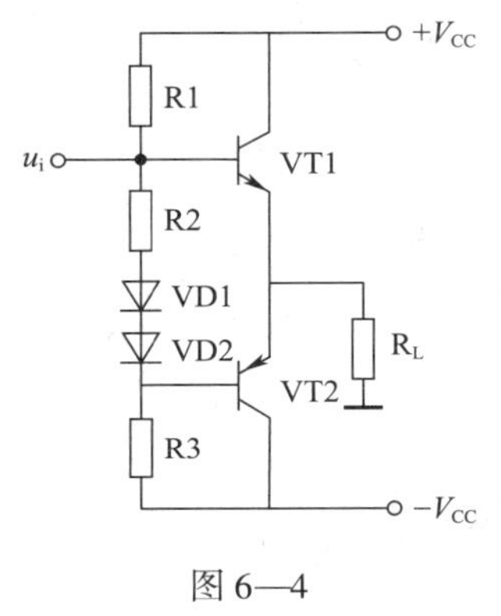

图 6—4

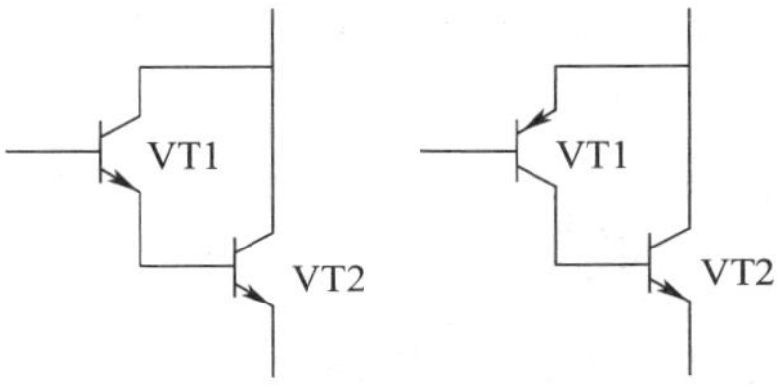

图 6—5

四、简答题

1. 什么是交越失真？应如何消除交越失真？

2. 复合管的组成原则是什么？

3．为了保证功放管的安全工作，在实际电路中常采用哪些保护措施？

§6—3　集成功率放大器

一、填空题

1．集成功率放大器简称__________，其内部电路一般包含__________、__________、__________和__________等，有的还包含完善的保护电路。

2．集成功放 LM386 具有自身功耗________、频响________、电源电压范围________、外接元件________等优点，广泛应用于收音机和录音机中。

3．为了提高输出功率和电源利用率，可用两个集成功放接成桥式功放电路（即 BTL 功放电路），其输出信号幅度为单个集成功放输出信号幅度的________倍，输出功率为单个集成功放输出功率的________倍。BTL 功放电路________变压器和大电容，输出端与负载________，因而改善了频率特性。

二、判断题

1．集成功放 LM386 用于音频功率放大时，需要外接较多元件。（　　）

2．集成功放 TDA2030 既可以采用双电源供电构成 OCL 电路，也可以采用单电源供电构成 OTL 电路。（　　）

三、简答题

1．将集成功放 LM386 各引脚的功能填写在表 6—1 中。

表 6—1

引脚号	1	2	3	4
功能				
引脚号	5	6	7	8
功能				

2．将集成功放 TDA2030 各引脚的功能填写在表 6—2 中。

表 6—2

引脚号	1	2	3	4	5
功能					

四、综合题

1．图 6—6 所示为集成功放 LM386 的典型应用电路，试分析电路并回答下列问题：

（1）该电路为何种形式的功放电路？

（2）与负载并联的 R1、C2 支路起什么作用？

（3）电容 C5 起什么作用？

（4）引脚 1、8 之间接入 R2、C3 的目的是什么？

（5）如果 R2 电阻值减小，对电路有何影响？

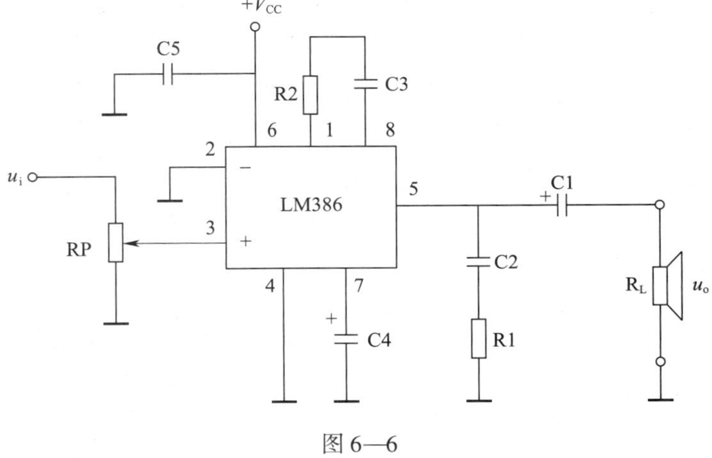

图 6—6

2．图 6—7 所示为集成功放 TDA2030A 的应用电路，试分析电路并回答下列问题：

（1）该电路为何种形式的功放电路？

（2）R1、R2、C2 引入的是何种类型的反馈？如果 R2 电阻值减小，对电路电压增益有何影响？

（3）二极管 VD1、VD2 起什么作用？

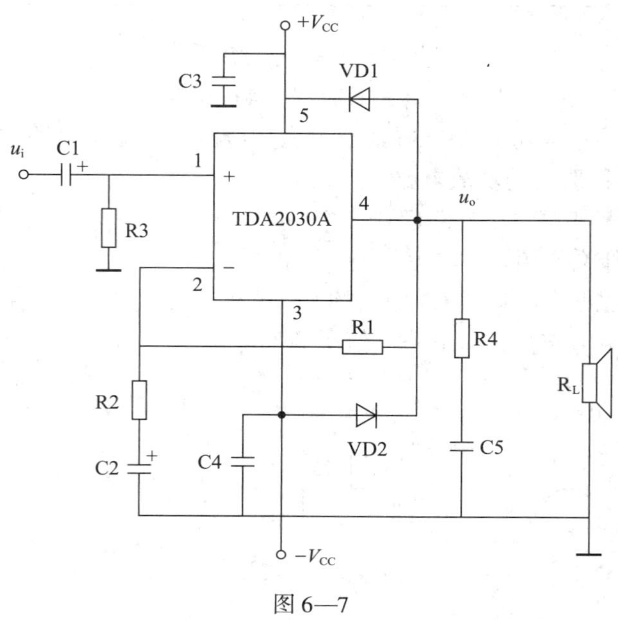

图 6—7

第七章　直流稳压电源

§7—1　整 流 电 路

一、填空题

1. 直流稳压电源通常是由________、________、________和________四部分组成的。

2. 整流电路的功能是将__________变换为____________，整流电路按照整流输出电压、电流波形不同，可分为__________电路和__________电路。

3. 单相半波整流电路和单相桥式整流电路相比，脉动比较大的是_________________，整流效果较好的是______________。

4. 在单相桥式整流电路中，输出电压 $U_o=9$ V，负载电流 $I_o=1$ A，则二极管承受的最高反向工作电压为__________。

5. 在共阴极接法的三相桥式整流电路中，某一工作时间内，只有正极电位________的和负极电位________的二极管才能导通。

二、判断题

1. 单相桥式整流电路在输入交流电压的半个周期内都有两只二极管导通。（　　）

2. 在变压器二次电压和负载电阻相同的情况下，桥式整流电路的输出电流是半波整流电路输出电流的 2 倍。（　　）

3. 在单相桥式整流电路中，如果有一只二极管接反将有可能使二极管和变压器二次绕组烧毁。（　　）

4. 在单相整流电路中，将变压器绕组的两个端点对调，则输出的直流电压极性也随之相反。（　　）

三、选择题

1. 交流电经过单相整流后，得到的输出电压是（　　）。

A. 交流电压　　B. 稳定的直流电压

C. 脉动直流电压　　D. 不确定

2. 单相桥式整流电路中，已知变压器输出电压有效值 $U_2=10$ V，若某一只二极管因虚焊造成开路，则输出电压 $U_o=$（　　）V。

A. 12　　B. 9　　C. 4.5

3. 单相桥式整流电路中，若变压器输出电压有效值 $U_2=20$ V，则输出直流电压平均值 $U_o=$（　　）V。

A. 20　　B. 18　　C. 9

4. 单相桥式整流电路中，桥式整流电路由四只二极管组成，所以流过每只二极管的电流为（　　）。

A. $\frac{I_o}{4}$　　B. $\frac{I_o}{2}$　　C. I_o

5. 单相桥式整流电路中，每只二极管承受的最高反向工作电压 U_{RM} 为（　　）。

A. $\sqrt{2}U_2$　　B. $\frac{\sqrt{2}U_2}{2}$　　C. $2\sqrt{2}U_2$

6. 在单相桥式整流电路中，若有一只整流二极管开路，则（　　）。

A. 可能烧毁元器件　　B. 输出电流变大

C. 电路变为单相半波整流电路　　D. 输出电压为零

7. 下列电路中，输出电压脉动最小的是（　　）。

A. 单相半波整流电路　　B. 单相桥式整流电路

C. 三相半波整流电路　　D. 三相全波整流电路

四、简答题

1. 应如何选择合适的整流二极管？

2. 简述用万用表检测硅整流桥的方法。

五、综合题

1. 电路板上四只二极管的排列如图 7—1 所示，试用最简明的连接线将其连接成桥式整流电路。

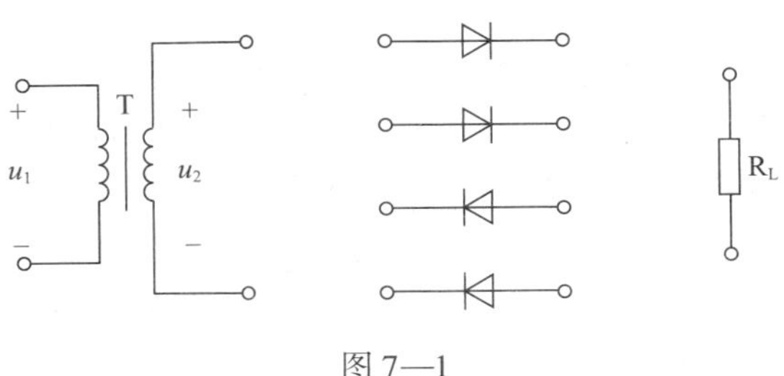

图 7—1

2. 某单相桥式整流电路的负载为 100 Ω，现要求输出电压为 12 V，试确定变压器的二次电压 U_2 以及二极管的选择条件。

3. 在图 7—2 所示整流电路中，变压器输出电压有效值 $U_2=20$ V，试分析电路并完成下列题目。

（1）该电路是否为桥式整流电路？

（2）估算 U_o 的值。

（3）若 VD2 断开，则 U_o 变为多少？

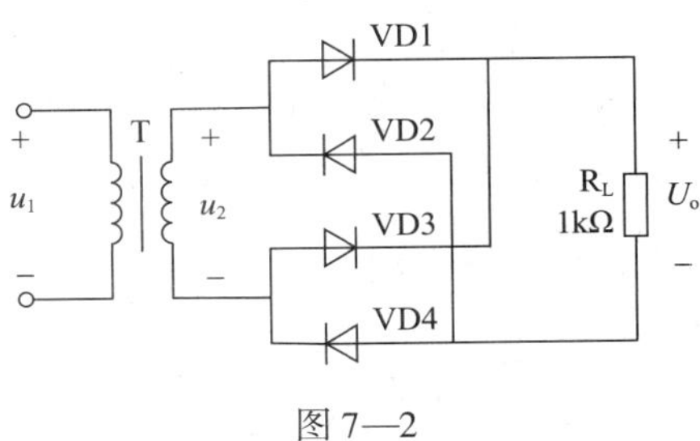

图 7—2

§7—2　滤 波 电 路

一、填空题

1．把脉动直流电中的________滤除，使其成为平滑的直流电，这一过程称为________。最常用的滤波元件是________和________。

2．在整流滤波电路中，电容器应与负载________，电感器应与负载________。

3．电容滤波电路是利用电容______________________的特性来平滑负载上的电压脉动的；电感滤波电路是利用电感________________的特性来平滑负载上的电压脉动的。整流电路中接入滤波电容使负载上的________增加，________减小。

4．电容滤波电路适用于负载电流________的场合，电感滤波电路适用于负载电流________的场合。

5．电容滤波电路的负载电阻越________，滤波电容的容量越________，滤波效果越好。

二、判断题

1．整流输出电压经电容滤波后，脉动减小，输出直流电压下降。（　　）

2．在单相桥式整流电容滤波电路中，若有一只整流二极管断开，则输出电压平均值变为原来的一半。（　　）

3．电容滤波电路适用于小电流负载，而电感滤波电路适用于大电流负载。（　　）

4．在电容滤波电路中，负载电阻越小，输出电压越平滑。（　　）

5．同样的单相全波整流电路采用电感滤波比采用电容滤波输出的直流电压大，脉动小。（　　）

6．若 U_2 为电源变压器二次电压的有效值，则单相半波整流电容滤波电路和单相全波整流电容滤波电路在空载时的输出电压均为 $\sqrt{2}U_2$。（　　）

三、选择题

1．下列滤波电路中，连接正确的是（　　）。

A.（u_i, C, L, R_L, u_o）

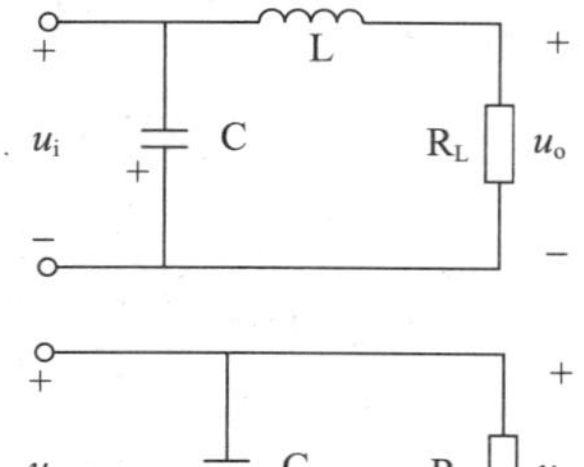

B.（u_i, L, R_L, u_o）

C.（u_i, C, R_L, u_o）

D.（u_i, C, R_L, u_o）

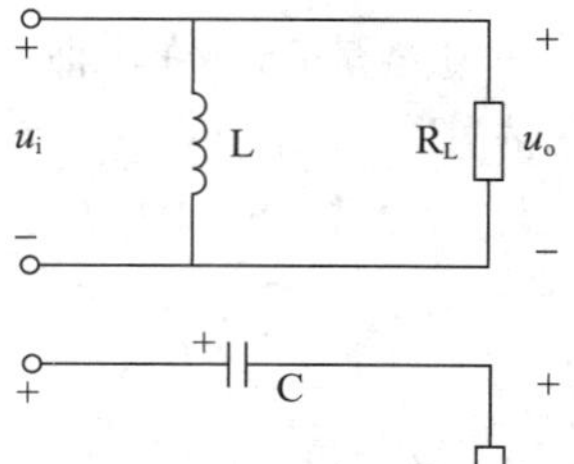

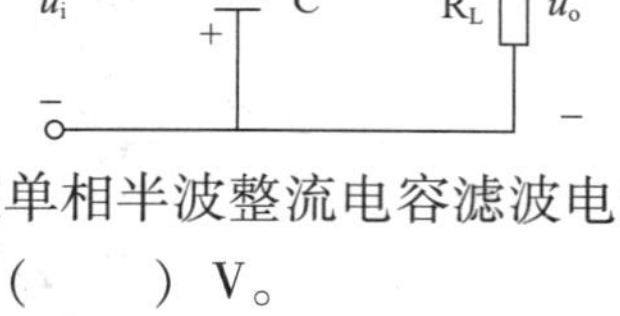

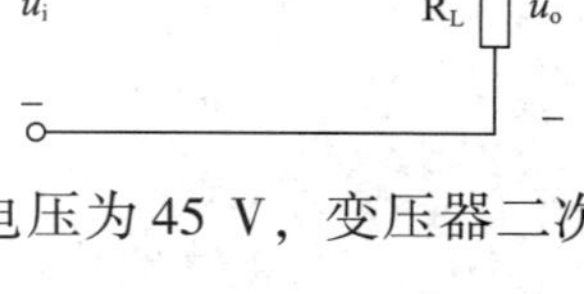

2．在单相半波整流电容滤波电路中，若要使输出直流电压为 45 V，变压器二次电压有效值应为（　　）V。

A．20　　B．37.5　　C．45　　D．100

3．某单相桥式整流电容滤波电路中，变压器二次电压有效值 $U_2=20$ V，$R_L=40$ Ω，$C=1\ 000$ μF，若输出电压等于28 V，则表明（　　）。

A．电路工作正常　　B．滤波电容开路

C．负载开路　　D．有一只二极管开路

4．在单相桥式整流电容滤波电路中，变压器二次电压的有效值为20 V，则二极管承受的最高反向工作电压是（　　）V。

A．20　　B．24　　C．28　　D．56

四、简答题

1．电容滤波电路和电感滤波电路的特点分别是什么？

2．常见的复式滤波电路有哪些类型？其特点如何？

五、综合题

1．某单相桥式整流电容滤波电路如图7—3所示，试分析电路并完成下列题目：

（1）在 u_2 的正、负半周各有哪几只二极管导通？

（2）若 $U_2=20$ V，$R_L=100$ Ω，则 U_o 和 I_o 各为多少？

（3）用万用表测得负载电压 U_o 分别为9 V、18 V、20 V和24 V时，分析电路是否正常。如有故障，故障可能发生在什么地方？

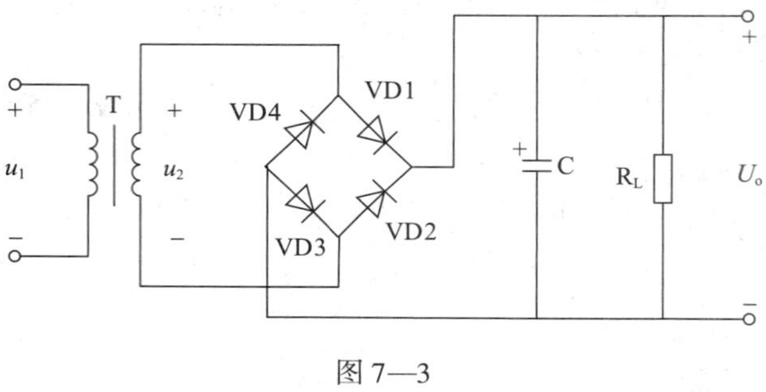

图 7—3

2. 某单相桥式整流电容滤波电路中，变压器二次电压波形如图 7—4a 所示，若输出电压波形 u_L 出现如图 7—4b ~ e 所示情况，则电路故障原因可能是什么？

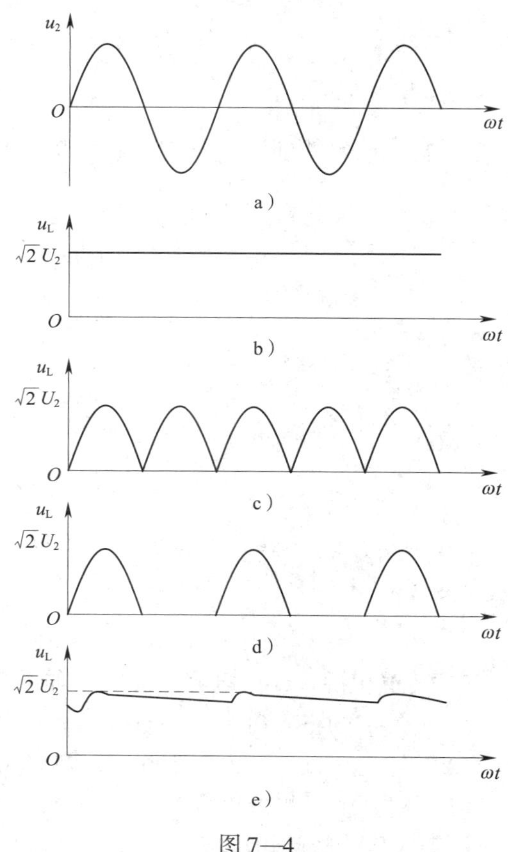

图 7—4

3. 某单相桥式整流电容滤波电路的负载电阻 $R_L = 200\ \Omega$，$U_2 = 18\ V$，若选用 $I_{FM} = 60\ mA$，$U_{RM} = 75\ V$ 的整流二极管是否合适？

§7—3 分立元件组成的直流稳压电源

一、填空题

1. 直流稳压电源在交流电网电压变化或________变动时，能保持__________基本稳定。

2. 稳压管稳压电源中的限流电阻 R 与负载 R_L________，起________和________作用，稳压二极管与负载________。

3. 带有放大环节的直流稳压电源由____________、____________、________________和________四部分组成。调整管接成________输出形式，引入____________负反馈，使输出电压稳定。

4. 在稳压管稳压电源中，稳压管的正极必须接电源的________端，负极必须接电源的________端。

二、判断题

1. 稳压管稳压电源中，限流电阻 R 的阻值越大，电路的稳压性能越好。 ( )

2. 带放大环节的稳压电源中，比较放大电路所放大的量是取样电压与基准电压的差值。 ( )

3. 串联型稳压电源的调整管工作在饱和状态。 ( )

4. 串联型稳压电源的稳压过程，实质上就是电压串联负反馈的自动调节过程。 ( )

5. 在串联型稳压电源中，比较放大器的放大倍数越高，其稳压性能就越好。 ( )

6. 串联型和并联型稳压电源是根据电压调整元件与负载的连接方式不同而分的。 ( )

三、选择题

1. 稳压管的稳压作用是利用其（ ）特性来实现的。

A. 单向导电　B. 正向导通　C. 反向击穿　D. 反向截止

2. 下列电路中，（　　）是正确的并联型稳压电源电路画法。

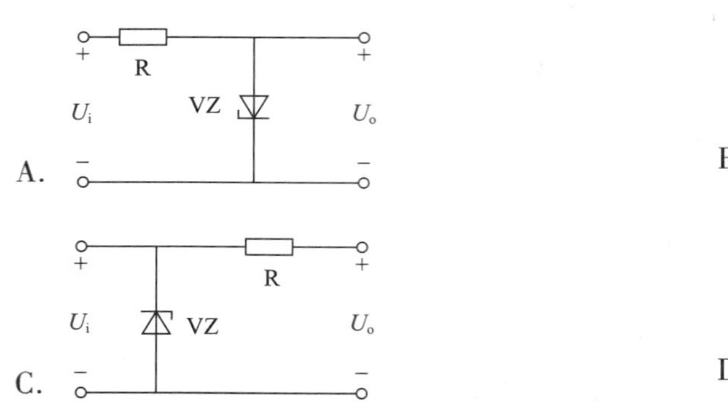

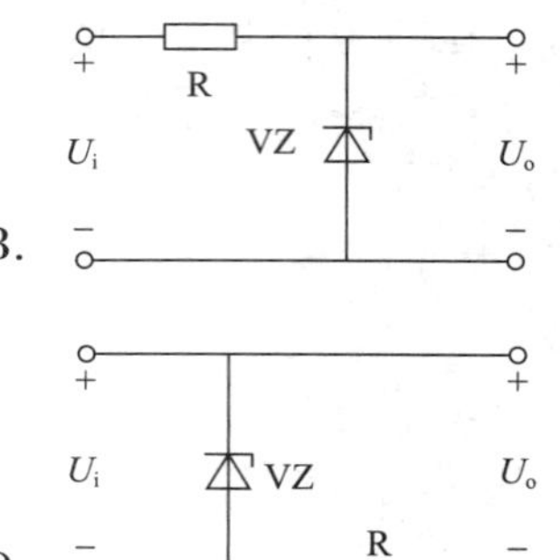

3. 图 7—5 所示电路中，两只硅稳压管的稳压值均为 6 V，则输出电压值是（　　）V。

A. 1.4　　　　B. 6.3

C. 6.7　　　　D. 12

4. 图 7—5 所示硅稳压管稳压电源中，电阻 R 的作用是（　　）。

A. 既限流又降压

B. 既降压又调压

C. 既限流又调压

图 7—5

5. 串联型稳压电源的调整管工作在（　　）区。

A. 截止　　　　B. 饱和　　　　C. 放大

6. 带有放大环节的稳压电源中，被放大的量是（　　）。

A. 输出电压与基准电压的差值

B. 取样电压与基准电压的差值

C. 基准电压

四、简答题

1. 试结合图 7—6 分析稳压管稳压电源的稳压过程。

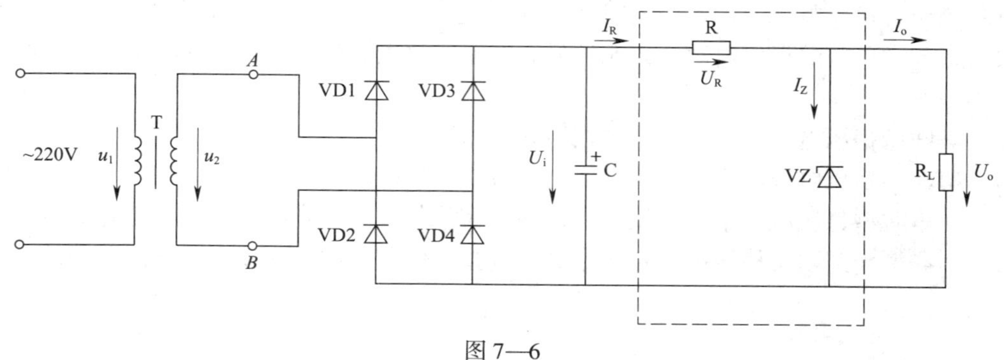

图 7—6

2. 试结合图 7—7 分析带放大环节的直流稳压电源的稳压过程。

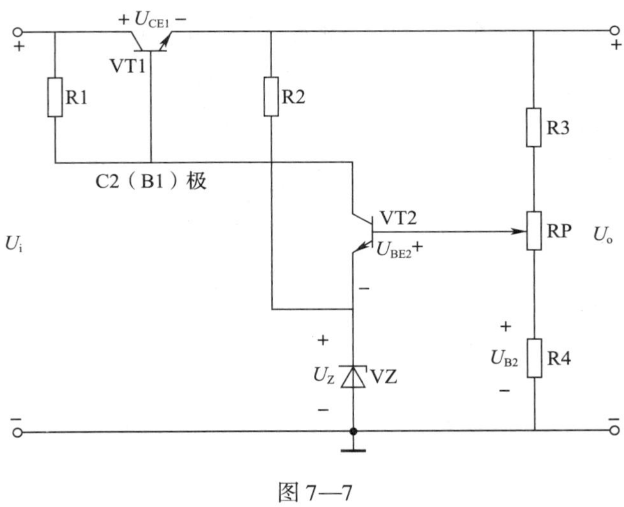

图 7—7

五、综合题

带有放大环节的稳压电源电路如图 7—8 所示，已知 $U_{BE2}=0.7$ V，$R_1=1$ kΩ，$R_P=200$ Ω，$R_2=680$ Ω，$U_Z=7$ V，试分析电路并完成下列题目：

（1）写出各部分电路所用的元器件。

（2）分析电网电压下降引起的稳压过程。

（3）求输出电压的调节范围。

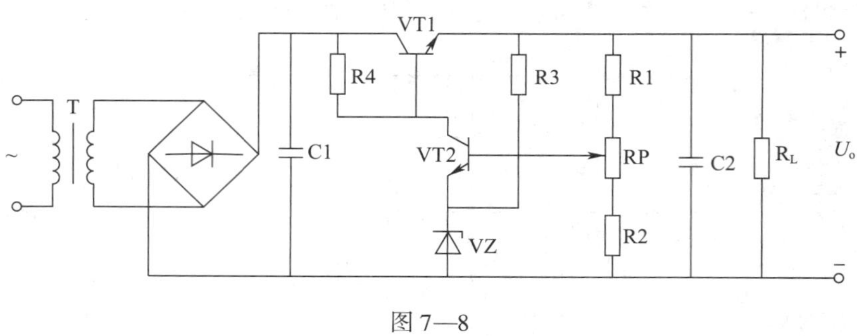

图 7—8

§7—4 集成稳压器

一、填空题

1. 集成稳压器按输出电压是否可调，分为________式和________式两大类；按引出端数目不同，可分为________________和________________两大类。

2. 要获得 12 V 的固定稳定电压，集成稳压器的型号应选用__________；要获得 −9 V 的固定稳定电压，集成稳压器的型号应选用__________。

3. 现需要用 CW78 × ×、CW79 × × 系列的三端集成稳压器设计一个输出电压为 ±9 V 的稳压电路，应选用________和________型号的三端集成稳压器。

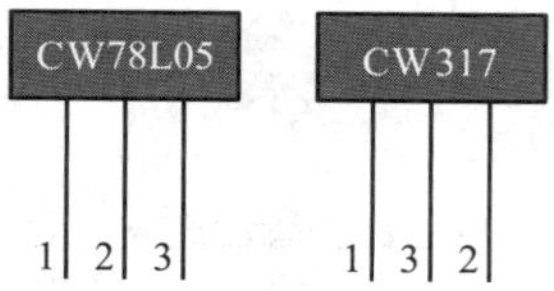

4. 如图 7—9 所示集成稳压器 CW78L05 的 1 脚为________端，2 脚为__________端，3 脚为________端；集成稳压器 CW317 的 1 脚为________端，2 脚为________端，3 脚为________端。

CW78L05　1 2 3　　CW317　1 3 2

图 7—9

5. 通过查手册可知，集成稳压器 CW78M12 的输出电压是________，输出电流是________。

6. 通过查手册可知，集成稳压器 CW337M 输出电压的可调范围是________________，输出电流是__________。

二、判断题

1. 三端集成稳压器 CW79M06 的输出电压为 -6 V。 (　　)
2. 三端集成稳压器型号 CW317M 中的最后一个字母 M 表示输出电流的大小。 (　　)
3. 各种集成稳压器的输出电压均不可调整。 (　　)
4. 集成稳压器 CW337 是一种输出负电压的三端可调式集成稳压器。 (　　)
5. 两只型号、参数相同的集成稳压器可以并联使用，以扩大输出电压。 (　　)

三、选择题

1. 要获得 +6 V 的固定稳定电压，应选用集成稳压器（　　）。

   A. CW7806　　B. CW7906

   C. CW7812　　D. CW7912

2. 集成稳压器 CW78L05 的输出电压和最大输出电流分别为（　　）。

   A. 5 V，1 A　　B. -5 V，1 A

   C. -5 V，0.1 A　　D. 5 V，0.1 A

3. 图 7—10 所示电路中，二极管 VD 的主要作用是（　　）。

   A. 扩大输出电压　　B. 减小输出电压

   C. 防止输出端短路　　D. 保护稳压电路

4. 图 7—10 所示电路中，电容 C1 的主要作用是（　　）。

   A. 防止电路产生自激振荡　　B. 滤除交流分量

   C. 防止输出端短路　　D. 消除输出电压的高频噪声

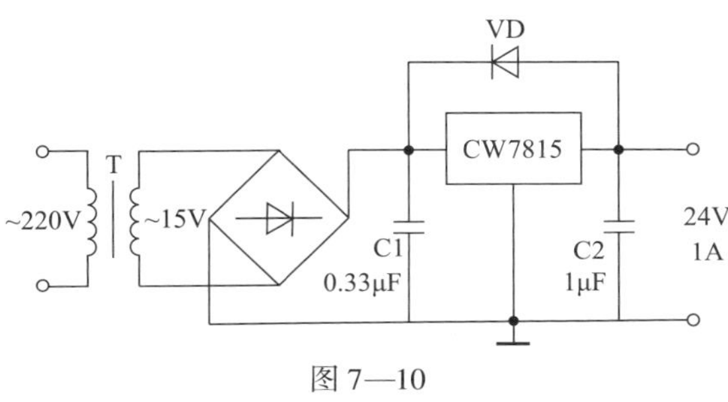

图 7—10

5. 某三端集成稳压器应用电路如图 7—11 所示，这是一个扩展输出（　　）的电路。

   A. 电流　　B. 电压　　C. 电阻

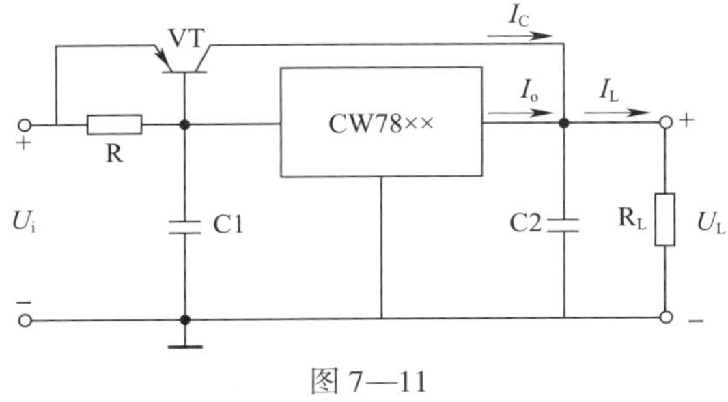

图 7—11

四、简答题

集成稳压器按不同的分类方式可分为哪些类型？

五、综合题

1. 要得到下列直流稳压电源，应分别选用什么型号的三端集成稳压器？

（1） +24 V，1 A。

（2） −5 V，100 mA。

（3） ±15 V，100 mA。

2. 指出图 7—12 所示电路中的错误，并画出正确的连接电路。

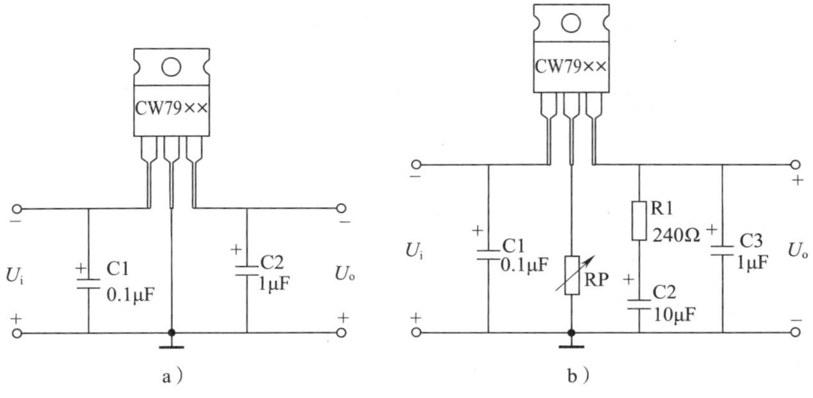

图 7—12

3．可调式三端集成稳压器 CW117 的组成如图 7—13 所示。

（1）求 $R_1=200\ \Omega$，$R_2=500\ \Omega$ 时的输出电压值。

（2）若将 R2 改为标称阻值为 3 kΩ 的电位器，求输出电压的可调范围。

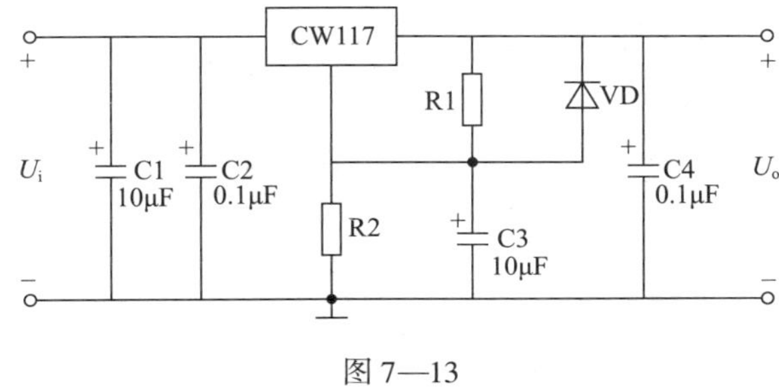

图 7—13

§7—5　开关型直流稳压电源

一、填空题

1．在串联型线性稳压电源中，调整管始终工作于________状态，功率损耗________、效率________。开关型稳压电源中，调整管工作在________状态，功率损耗________，效率________。

2. 在串联开关型稳压电源中，通过改变调整管的__________来调节脉冲________，从而实现稳压。

3. 串联开关型稳压电源的负载电流是输入电压通过________和________轮流提供的。

4. 在串联开关型稳压电源中，调整管与负载________联，输出电压总是______于输入电压。

5. 在并联开关型稳压电源中，调整管与负载________联，输出电压________输入电压；电感 L 越________，储能时间越________，输出电压也就越大于输入电压。电容 C 越________，输出电压的脉动则越小。

二、判断题

1. 与线性稳压电源相比，开关型稳压电源的功耗很小。（　　）

2. 开关型稳压电源的负载电流是连续的。（　　）

3. 并联开关型稳压电源只有当电感 L 足够大时，才能升压；只有当电容 C 足够大时，输出电压的脉动才可能足够小。（　　）

4. 开关型稳压电源的稳压过程实际也是一个电压负反馈的过程。（　　）

三、选择题

1. 开关型稳压电源中的调整管工作在（　　）状态。

A. 放大　　B. 饱和　　C. 开关

2. 可以实现输出电压大于输入电压的稳压电路是（　　）。

A. 串联型稳压电源　　B. 串联开关型稳压电源

C. 并联开关型稳压电源

3. 串联开关型稳压电源中续流二极管与负载的连接方式是（　　）。

A. 串联　　B. 并联　　C. 不确定

4. 开关型稳压电源中调整管与续流二极管是（　　）工作的。

A. 同时　　B. 轮流　　C. 不确定

四、简答题

开关型稳压电源与线性稳压电源相比，有哪些优缺点？

五、综合题

根据图 7—14 所示串联开关型稳压电源结构框图，说明当输出电压 U_o变化时，电路的稳压过程（式中，t_{on}表示调整管的导通时间）。

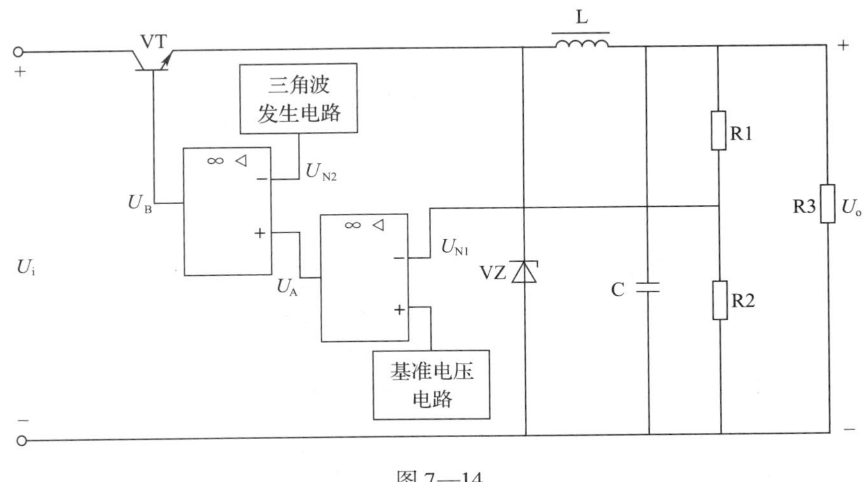

图 7—14

（1）当输出电压 U_o升高时，稳压过程为（在括号中填写↓或↑）：

U_o↑ → U_{N1}（　　）→ U_A（　　）→ t_{on}（　　）

U_o（　　）←

（2）当输出电压 U_o降低时，稳压过程为（在括号中填写↓或↑）：

U_o↓ → U_{N1}（　　）→ U_A（　　）→ t_{on}（　　）

U_o（　　）←

第八章　晶闸管及其应用

§8—1　普通晶闸管

一、填空题

1. 晶闸管有三个电极，分别是________极、________极和________极。

2. 给晶闸管阳极和阴极之间加正向电压，控制极和阴极之间不加正向电压，这时晶闸管处于____________状态。

3. 给晶闸管阳极和阴极之间加正向电压，控制极和阴极之间也加正向电压时，晶闸管处于___________状态。晶闸管一旦导通，控制极就失去________作用，晶闸管由导通转为截止必须使________电流小于________电流，这就是晶闸管的触发维持特性。

4. 如果在晶闸管阳极与阴极之间加________电压，此时不管控制极的状况如何，晶闸管始终________，这就是晶闸管的反向阻断特性。

5. 正向重复峰值电压是在控制极________的条件下，允许________作用在晶闸管上的最大________电压。

二、判断题

1. 晶闸管和三极管都能用小电流控制大电流，因此，它们都具有放大作用。（　　）
2. 晶闸管不仅具有反向阻断能力，还具有正向阻断能力。（　　）
3. 只要晶闸管阳极电流小于维持电流，晶闸管就能关断。（　　）
4. 晶闸管触发导通后，控制极仍有控制作用。（　　）
5. 只要给单向晶闸管的控制极与阴极之间加正向触发信号，就能使晶闸管导通。（　　）

三、选择题

1. 晶闸管具有（　　）性。

   A. 单向导电　　B. 可控的单向导电　　C. 电流放大

2. 晶闸管阳极与阴极之间加正向电压，晶闸管（　　）导通。

   A. 一定　　B. 不一定　　C. 一定不能

3. 单向晶闸管与二极管相比，（　　）特性是相同的。

   A. 正向阻断　　B. 触发维持　　C. 反向阻断

4. 单向晶闸管由截止转为导通必须在控制极与阴极之间加（　　）电压。

   A. 正向　　B. 反向　　C. 任意

5．晶闸管导通后流过的电流取决于（　　）。

A．电路中的负载大小

B．晶闸管的通态平均电流

C．晶闸管阳极与阴极之间的电压大小

6．在环境温度小于 40℃和标准散热条件下，允许连续通过晶闸管阳极的工频（50 Hz）正弦波半波电流的平均值是（　　）。

A．通态平均电流

B．维持电流

C．触发电流

7．在控制极开路的条件下，允许重复作用在晶闸管上的最大反向电压是（　　）。

A．触发电压

B．正向重复峰值电压

C．反向重复峰值电压

8．在室温下，阳极和阴极之间加 6 V 正向电压时，使晶闸管从阻断到完全导通，控制极与阴极之间所需的最小直流电流是（　　）。

A．维持电流　　B．触发电流　　C．通态平均电流

四、简答题

1．晶闸管的主要参数有哪些？

2．简述用万用表检测晶闸管质量的方法。

五、综合题

1．在图 8—1a 所示电路中，开关 S 在 t_1 时刻闭合，在 t_2 时刻断开，试根据图 8—1b 给出的 u_i 波形，画出电阻 R 上的电压波形。

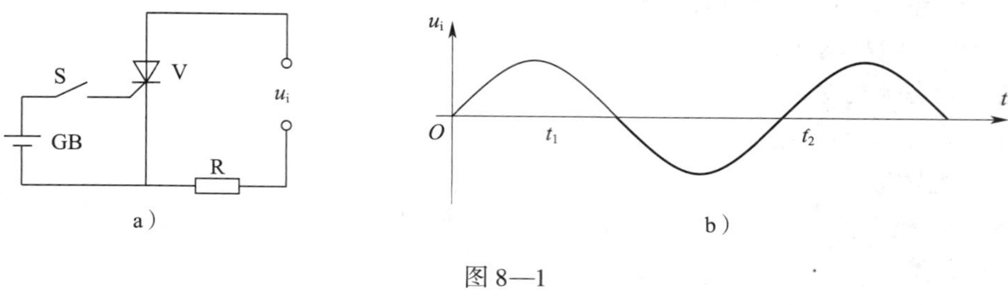

图 8—1

2．试分析图 8—2 所示电路中，开关 S 接通和接通后又断开时电路中灯泡的亮灭情况。

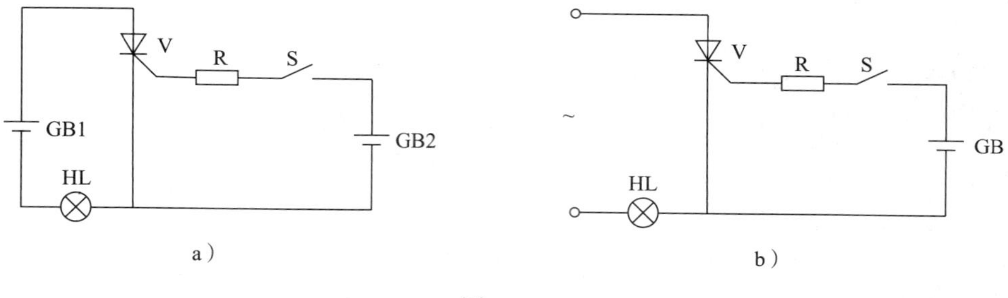

图 8—2

§8—2 晶闸管可控整流电路

一、填空题

1. 在单相可控整流电路中，晶闸管的控制角 α 和导通角 θ 的关系是______________。当控制角为30°时，导通角为________，导通角越大，则输出电压________。

2. 在单相半控桥式整流电路中，晶闸管触发脉冲的移相范围是________，当 $\alpha=0°$ 时，$\theta=$______，输出电压平均值为________。

3. 晶闸管可控整流电路中，控制角最大为________，导通角最大为________。

4. 单结晶体管的三个电极分别为__________、__________和__________。

5. 晶闸管上的电源电压与单结晶体管的电源电压必须同________、同________，这样才能保证触发电路与主电路之间的________。

二、判断题

1. 在晶闸管可控整流电路中，晶闸管的控制角越小，则导通角越大。　（　　）
2. 单相半控桥式整流电路就是单相半波整流电路。　（　　）
3. 改变单结晶体管触发电路中的电容量可以改变晶闸管输出的平均电压。　（　　）

三、选择题

1. 单结晶体管触发电路的作用是实现对晶闸管的（　　）。
   A. 放大　　B. 控制　　C. 延时
2. 晶闸管的导通角越小，输出平均电压越（　　）。
   A. 高　　B. 低　　C. 不确定
3. 晶闸管控制角的变化范围是（　　）。
   A. 0°～90°　　B. 0°～180°　　C. 0°～360°
4. 在单相半控桥式整流电路中，要使负载平均电压提高，可以采取的方法是（　　）。
   A. 增大控制角　　B. 增大导通角　　C. 增大触发电压
5. 晶闸管在交流电正半周未加触发信号阶段，处于（　　）状态。
   A. 正向阻断　　B. 触发导通　　C. 反向阻断
6. 晶闸管利用交流电的（　　）实现由导通状态向阻断状态的转变。
   A. 正半周　　B. 过零点　　C. 负半周
7. 晶闸管在交流电负半周加触发信号阶段，处于（　　）状态。
   A. 正向阻断　　B. 触发导通　　C. 反向阻断

四、简答题

在表8—1中写出单相半控桥式整流电路各电路参数的估算公式。

表 8—1

电路参数	估算公式
输出电压平均值	
负载电流平均值	
晶闸管电流平均值	
晶闸管承受最大电压	

五、计算题

已知变压器二次电压的有效值 $U_2=100\ \text{V}$，试分别计算用普通二极管组成单相桥式整流电路和用晶闸管组成单相半控桥式整流电路（$\alpha=60°$）时，输出直流电压的平均值。

§8—3　特殊晶闸管及其应用

一、填空题

1. 双向晶闸管的功能相当于一对反向________使用的单向晶闸管，允许电流从____________通过。

2. 双向晶闸管常用于________调压及交流电路的__________开关。它的触发电路常采用____________。

3. 双向晶闸管主要应用于__________、__________、交流电动机线性调速、__________及固态继电器、固态接触器等电路中。

4. 可关断晶闸管导通后，只要在控制极上加________________即可使其关断。

5. 根据电路要求选择晶闸管时，其额定峰值电压和额定电流一般可选择受控电路最大工作电压和最大工作电流的________倍。

6. 晶闸管常用________________做过电流保护，用________________或________________做过电压保护，用________________防止电感性负载造成晶闸管的失控。

二、判断题

1. 双向晶闸管无论主电极电压极性如何，晶闸管都可触发导通。（　　）
2. 双向晶闸管的三个电极分别为控制极、阳极和阴极。（　　）
3. 双向晶闸管的触发电路常采用双向二极管。（　　）
4. 晶闸管的额定电流为 10 A，应选用 15 A 的快速熔断器进行过电流保护。（　　）

三、选择题

1. 双向晶闸管的功能相当于（　　）。
   A. 一对反向串联的二极管　　B. 一对同向串联的单向晶闸管
   C. 一对反向并联的单向晶闸管　　D. 一对同向并联的单向晶闸管
2. 双向晶闸管要触发导通，触发信号（　　）。
   A. 必须是正向触发电压　　B. 必须是负向触发电压
   C. 正向、负向触发电压均可
3. 双向晶闸管的交流调压实质上是改变负载上正弦交流电压的（　　）。
   A. 幅度　　B. 波形　　C. 频率
4. 下列关于光控晶闸管的说法，错误的是（　　）。
   A. 导通的光控晶闸管，无光照时仍能维持导通
   B. 导通的光控晶闸管，无光照时将由导通转为关断
   C. 导通的光控晶闸管，只有去掉其 A、K 极之间的正向电压或改变电压极性才能使之关断
   D. 光照能触发光控晶闸管，使其进入导通状态

四、简答题

1. 根据提示完成表 8—2 的填写。

表 8—2

图形符号	名称	图形符号	名称
			反向阻断三极晶闸管 P 型门极（阳极受控）
			逆导三极晶闸管 （未指定门极）
	反向阻断三极晶闸管 N 型门极（阳极受控）		

2．如何检测双向晶闸管性能的好坏？

3．普通晶闸管在使用中常采取的保护措施有哪些？

五、综合题

图 8—3a、b 所示都是晶闸管调光电路，试比较说明哪一个电路的调光性能更好。

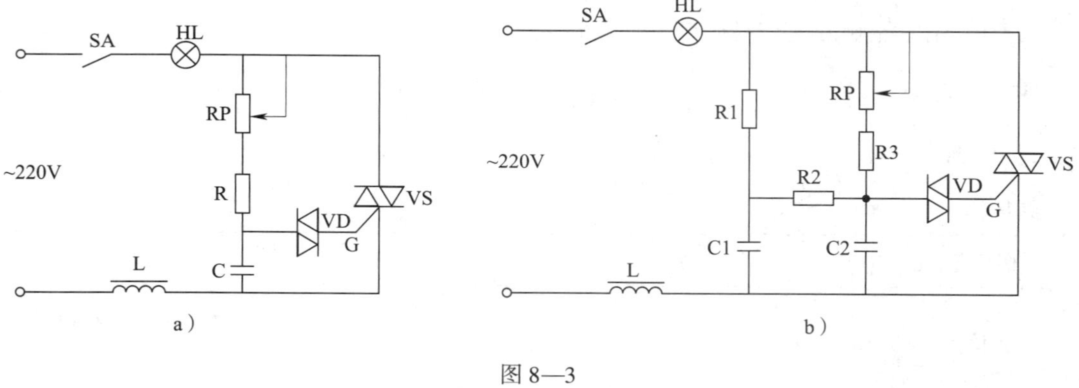

图 8—3